W0257758

Eine Zusammenstellung des Inhaltes der Hefte 1 bis 190 der Forschungsarbeiten zugleich mit einem Namen- und Sachverzeichnis wird auf Wunsch kostenfrei von der Redaktion der Zeitschrift des Vereines deutscher Ingenieure, Berlin N.W. 7, Sommerstr. 4a, abgegeben.

Lehrer und Schüler technischer Schulen erhalten die Hefte zur Hälfte des angegebenen Preises, sofern sie Bestellung und Zahlung an den Verein deutscher Ingenieure, Berlin N.W. 7, Sommerstr, 4a, richten.

FORSCHUNGSARBEITEN
AUF DEM GEBIETE DES INGENIEURWESENS
HERAUSGEGEBEN VOM VEREIN DEUTSCHER INGENIEURE
Schriftleitung: D. Meyer und M. Seyffert

Heft 191 und 192

Ueber die Wärmeübertragung von strömendem überhitztem Wasserdampf an Rohrwandungen und von Heizgasen an Wasserdampf

von

Dr.-Ing. R. POENSGEN

1917
SPRINGER-VERLAG BERLIN HEIDELBERG GMBH

ISBN 978-3-662-01721-0   ISBN 978-3-662-02016-6 (eBook)
DOI 10.1007/978-3-662-02016-6

Inhaltsverzeichnis.

Ueber die Wärmeübertragung von strömendem überhitztem Wasserdampf an Rohrwandungen und von Heizgasen an Wasserdampf.[1]

Von Dr.-Ing. **R. Poensgen.**

A) Einführung.
Ziele und Wege der Erforschung der Wärmeübertragung.

1) Die Wichtigkeit planmäßiger Erforschung der Wärmeübergangsfragen.

2) Die Unzweckmäßigkeit vieler älterer Forschungsarbeiten.

3) Die Zerlegung der Wärmeübertragung in „Wärmedurchgang" und „Wärmeübergang".

4) Der Begriff der Wärmeübergangzahl und die starke Veränderlichkeit ihrer Größenordnung für verschiedene Fälle.

5) Zweck der vorliegenden Arbeit in der Reihe der neueren Forschungsarbeiten.

1) Die Lösung der dem Gedanken nach einfachen Frage der Wärmeübertragung von einem Körper auf einen andern oder besonders für den hier zu behandelnden Fall der Wärmeübertragung von Heizgasen an Wasserdampf ist nur durch sorgfältige Zerlegung des Gesamtvorganges in eine Reihe von Einzelvorgängen zu erreichen; wie denn die Technik oft eine scheinbar einfache Frage stellt, auf die die physikalische Forschung nur eine bedingte oder verwickelte Antwort geben kann. Diese soll doch, wenn angängig, so beschaffen sein, daß sie alle möglichen Fälle umfaßt und muß es dem einsichtigen Praktiker überlassen, die richtige Anwendung für den gerade vorliegenden Fall zu finden.

Da die Uebertragung von Wärme an ihren wichtigsten Träger, das Wasser in seinen verschiedenen Zuständen und der Wiederentziehung der Wärmeenergie nicht nur an sich schon eine Menge von einzelnen Fragen in sich zu bergen pflegt, sondern überhaupt nach den äußeren Bedingungen sehr verschiedener Art sein kann, so ist eine planmäßige Verfolgung der Fragen äußerst wichtig.

2) Die zahlreichen Versuche, welche die Praxis selbst in diesen Dingen ausführte, trugen bis in die neueste Zeit zuweilen mehr zur Verwirrung als zur Aufklärung bei.

Es ist tatsächlich auffallend, zu sehen, wie lange selbst die Berufensten an gewissen Meinungen festhielten und dort gern eindeutige Gesetzmäßigkeiten sehen wollten, wo mehrere von einander unabhängige Veränderliche gemeinsam bestanden.

---

[1] Mitteilung aus dem Laboratorium für technische Physik der Kgl. Technischen Hochschule München.

»Es wird niemals möglich sein, die Uebergangskoeffizienten durch Versuche unmittelbar zu bestimmen.... Wir erhalten durch den Versuch stets den Durchgangskoeffizienten« schreibt noch im Jahre 1897 Mollier[1]), in dessen Laboratorium an der Dresdner Technischen Hochschule 10 Jahre später mit der Arbeit Nusselts[2]) die Wärmeübergangsgesetze in theoretisch grundlegender und versuchsmäßig durchaus vorbildlicher Weise behandelt wurden.

Die Versuche, welche die Uebertragung der Wärme von einem Raum höherer Temperatur in einen niedrigerer Temperatur zum Gegenstand haben, führten ältere Forscher nämlich in dem Sinne aus, daß sie den Temperaturunterschied zwischen den beiden Räumen in unmittelbare Beziehung brachten zu der durch die Zwischenwand durchgehenden Wärmemenge. Für eine ganz bestimmte Versuchsanordnung lassen sich dann alle Veränderlichen zu beiden Seiten der Wand, wie Geschwindigkeit der Strömung, Dichte und Temperatur des Mittels, Stärke und Leitfähigkeit der Wand und andere bis auf eine einzige unverändert halten und damit Gesetzmäßigkeiten ableiten. Diese Beziehungen würden dann etwa noch für Anordnungen Geltung haben, die den untersuchten in allen Teilen mechanisch, thermisch und dynamisch ähnlich sind, die also praktisch unerfüllbare Anforderungen stellen würden.

3) Man zerlegt daher heutzutage bei solchen Untersuchungen grundsätzlich die »Wärmeübertragung« in ihre Teile: »Wärmeübergang« vom ersten Mittel zur Wand einerseits und von der Wand zum zweiten Mittel andererseits, und »Wärmedurchgang« durch die Wand.

Daß dies unbedingt erforderlich ist zur Erforschung aller Abhängigkeiten, das lehrt schon ein kurzer Blick auf die Größenordnung der »Wärmeübergangzahlen«.

4) Diese sagen aus, wie viele Wärmeeinheiten von einem Körper höherer Temperatur durch 1 qm seiner Oberfläche zu einem Körper tieferer Temperatur in 1 st übertreten, wenn der Temperaturunterschied zwischen beiden Körpern 1° C beträgt. $\left(\text{Dimension } \alpha = \left[\dfrac{\text{WE}}{\text{Std} \cdot \text{m}^2 \cdot {}^0\text{C}}\right]\right).$

Bei einer Strömungsgeschwindigkeit von 5 m/sk liegt z. B. die Wärmeübergangzahl für Wasser an Rohren nach Soennecken bei 10000[3]); für dieselbe Strömungsgeschwindigkeit beträgt sie für Luft nach Gröber[4]) etwa 10. Ruhendes, nicht siedendes Wasser zeigt etwa $\alpha = 500$, siedendes Wasser etwa $\alpha = 5000$. Für kondensierenden Wasserdampf gilt wieder die Größenordnung von 10000, für Heißdampf von 1 at in Rohren bei 5 m Geschwindigkeit die Größenordnung von 10. Jede dieser Größen ist nach den Umständen äußerst veränderlich, die rechnerische Verwendung erfordert die Kenntnis aller Verhältnisse, unter denen sich der Wärmeaustausch bei der auszuführenden Vorrichtung vollzieht. Wirtschaftliche Erwägungen werden anderseits zu Einrichtungen führen, welche auf Grund der den Wärmeübergang bedingen-

[1]) R. Mollier, Ueber den Wärmedurchgang und die darauf bezüglichen Versuchsergebnisse. Literatur-Nachweis Nr. 42.

[2]) W. Nusselt, Der Wärmeübergang in Rohrleitungen. Lit.-Nachw. Nr. 46.

[3]) A. Soennecken, Der Wärmeübergang von Rohrwänden an strömendes Wasser. Lit.-Nachw. Nr. 56.

[4]) H. Gröber, Der Wärmeübergang von strömender Luft an Rohrwandungen. Lit.-Nachw. Nr. 20.

den Gesetzmäßigkeiten ihn jeweils nach Möglichkeit erhöhen oder vermindern können.

5) In den letzten Jahren entstand nun eine Reihe gründlich angelegter und theoretisch nach Möglichkeit ausgebauter Forschungsarbeiten über die Teilgebiete der Wärmeübertragung. Die vorliegende Arbeit soll einen gewissen Ueberblick geben über die für die Wärmeübertragung von Heizgasen an Wasserdampf erzielten Forschungsergebnisse und soll besonders zur Kenntnis der Größe und der Gesetze der Wärmeübergangzahl zwischen strömendem Heißdampf und Rohrwänden führen. Sie wurde auf Veranlassung des Vereines deutscher Ingenieure im Laboratorium für technische Physik der Königl. Technischen Hochschule München unter dessen Leiter, Hrn. Prof. Dr. O. Knoblauch, mit den vom genannten Verein sowie vom Bayerischen Revisionsverein in dankenswerter Weise zur Verfügung gestellten Mitteln in den Jahren 1911 bis 1913 ausgeführt[1]).

B) Ausführung. Arbeiten über die Wärmeübertragung.

I. Die Grundlagen.

a) Der Wärmeübergang im allgemeinen.

1) Das Grundgesetz.
2) Die Bestimmungsgrößen.
3) Das Temperaturgefälle in der Nähe der Wand („Schichtdicke").

1) Die Begriffsbestimmung der Wärmeübergangzahl haben wir oben gegeben. Es erübrigt noch, auf die Bestimmungsgrößen und allgemeinen Gesetze hinzuweisen.

Beträgt die Temperatur der Oberfläche W der einen Raum begrenzenden Wand T_W (^{o} C), die Temperatur des den Raum erfüllenden Mittels in genügender Entfernung von der Wand T_M (^{o}C), so findet zwischen Wand und Mittel durch die Fläche F (qm) in der Zeit z (Stunden) gemäß dem Temperaturunterschied $\Delta t = T_M - T_W$ ein Wärmeaustausch statt, dessen Wert Q in Wärmeeinheiten sich nach der geltenden Wärmeübergangzahl α bestimmt zu:

$$Q = \alpha \, \Delta t \, F \, z \; (\text{WE}) \; \ldots \ldots \ldots \; (1).$$

2) Darin ist α abhängig von folgenden Größen:

1) von der Temperatur von Wand und Mittel;
2) von der Oberflächenbeschaffenheit der Wand (Rauheit, Strahlung, Absorption bezw. Reflexion);
3) von der molekularen Zusammensetzung des Mittels;
4) von seinen natürlichen oder erzwungenen Strömungsbedingungen (Konvektion, Geschwindigkeit);
5) von seiner Dichte (Druck, spezifisches Gewicht);
6) von seiner Wärmeleitfähigkeit;
7) von seiner Zähigkeit;
8) von seiner spezifischen Wärme.

---

[1]) Zu Ende des Jahres 1912 zog das Laboratorium aus seinem Provisorium an der Lothstrasse 1 a in seinen Neubau in der Hochschule, wodurch die Arbeit eine längere Verzögerung erfahren mußte.

Der Einfluß aller dieser Punkte ist von sehr verschiedener Größenordnung und meist stark veränderlich, wie aus den späteren Entwicklungen hervorgehen wird.

3) Aus einem ganz bestimmten Grunde wird der Wärmeübergang auch als »äußere Wärmeleitung« bezeichnet. Wie Abb. 1 zeigen soll, besteht erfahrungsgemäß und theoretisch beweisbar kein Temperatursprung an der Berührungsfläche zwischen einer Wand und einem Mittel, außer bei sehr verdünnten Gasen[1]). Die Temperatur geht an dieser Stelle vielmehr stetig von derjenigen der Wand zu der des Mittels über, wobei man gewissermaßen von einer materiellen »Schicht« sprechen kann, die sich dem Uebergang der Wärme hemmend entgegenstellt und sie wie ein fester Körper weiterleitet. Die Schichtstärke und damit das Temperaturgefälle sowie die Menge der stündlich übergetretenen Wärme wird durch alle oben aufgeführten Größen begreiflicherweise beeinflußt.

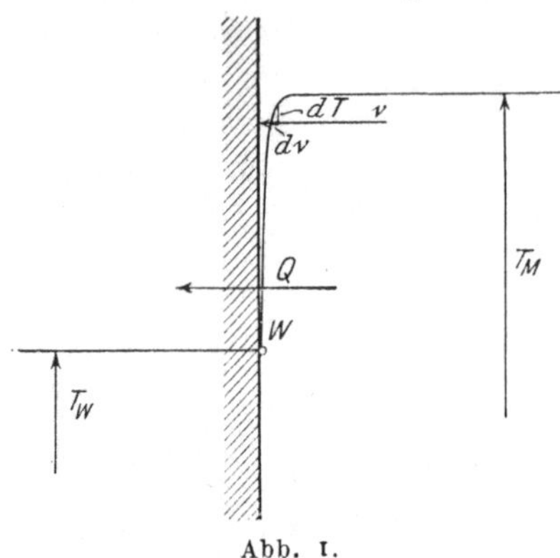

Abb. 1.

Die von Nusselt[2]) zugrunde gelegte Beziehung

$$\alpha \, \Delta t = \lambda_{\text{Wand}} \left(- \frac{\partial T}{\partial v} \right) \quad \ldots \ldots \ldots \quad (2)$$

drückt den Gedanken aus, daß die ganze durch den Temperaturunterschied Δt zwischen Mittel und Wand in der Zeiteinheit durch die Flächeneinheit gehende Wärmemenge in dieser Schicht gemäß dem Wärmeleitungsvermögen des Mittels (bei der Temperatur in der Nähe der Wand λ_{Wand}) und dem Temperaturgefälle auf der Normalen zur Wand $\frac{\partial T}{\partial v}$ fortgeleitet wird, so daß also α hier einer »Wärmeleitzahl« vergleichbar ist.

Die »innere Leitfähigkeit« eines gleichartigen Mittels (Wand) unterscheidet sich also von der »äußeren Leitfähigkeit« der Wärmeübergangzahl besonders durch die starke Veränderlichkeit der letzteren gegenüber der ersteren, die nur vom Stoffe und etwas von seiner Temperatur abhängt.

b) Der Wärmeübergang bei Rohren.

1) Spezielle Einflußgrößen.
2) Die Mitteltemperatur des strömenden Stoffes.
3) Die sonstigen hier festzustellenden Bestimmungsgrößen.
4) Die Berechnungsgleichung.

1) Die ein strömendes Mittel im allgemeinen umschließende Wand ist ein Rohr, also ein mathematisch festlegbarer, für die Einführung in die allgemeine Theorie des Wärmeüberganges brauchbarer Körper. Die Oberflächenbeschaffenheit der Rohre ist jedoch oft sehr ungleichmäßig, die absolute und die relative Rauhigkeit sehr wechselnd. Diese Tatsache erschwert wieder wesentlich die Aufstellung allgemeiner praktischer Gesetzmäßigkeiten für den Wärmeübergang in Rohren.

---

[1]) Ueber den nicht vorhandenen Temperatursprung an der Oberfläche zweier Körper vergl. O. D. Chwolson, Lehrbuch der Physik III S. 400 ff. Lit.-Nachw. Nr. 14.
[2]) Lit.-Nachw. Nr. 46.

2) Es ist in einer Rohrleitung auch nicht mehr möglich, die Temperatur des strömenden Mittels in genügender Entfernung von der Wand zu messen. Sondern hier tritt an deren Stelle eine gewisse mittlere Temperatur T_m des Rohrquerschnittes. Sie stellt diejenige Temperatur dar, die herrschen würde, wenn das im allgemeinen an jedem Punkte des Rohrhalbmessers verschieden warme Mittel plötzlich vollkommen durchmischt würde.

3) Die zu den Versuchen des Verfassers benutzten Rohre führten überhitzten Wasserdampf, dessen mittlere Temperatur höher ist als die der Rohrwand. Zur späteren Berechnung der Wärmeübergangzahlen müssen diese Temperaturen an jeder Stelle auf dem Rohr und in dessen Querschnitt bekannt sein, ferner noch der Dampfdruck und die Dampfgeschwindigkeit. Mit diesen Größen lassen sich dann alle notwendigen hydrodynamischen und thermodynamischen Gleichungen auswerten.

4) Der überhitzte Wasserdampf bietet der Berechnung die Vereinfachung, daß seine Zustandsgleichungen genau bekannt sind.

Auf die Länge eines stündlich von G kg Dampf durchströmten Rohres ändert dieser im allgemeinen seinen Wärmeinhalt i um den Betrag $\varDelta i$. Es läßt sich also bei einer Rohrwandoberfläche F (qm) und einem Temperaturunterschiede $\varDelta t_m = t_D - t_W$, worin t_D die mittlere Dampftemperatur ist, schreiben:

$$u = f(\varDelta i,\ \varDelta t_m,\ G,\ F) \quad \ldots \ldots \ldots \quad (3).$$

c) Die Wärmeübertragung durch eine Wand.

1) Der Temperaturverlauf und die Wärmedurchgangzahl für planparallele und für Rohrwände.
2) Der Einfluß der Wandstärke.
3) Die Größenordnung der Wandtemperatur.
4) Der Einfluß der Strahlung.

1) Für die Praxis gilt es immer, die Wärmemenge auszurechnen, die durch eine Wand von einem Raum I in einen anderen Raum II übertritt.

Die Raumtemperaturen sind in Abb. 2 t_I und t_{II}, die Wandtemperaturen t_1 und t_2. Die Wärme tritt von Raum I bei W_1 in die Wand ein gemäß der dort geltenden Wärmeübergangzahl α_1 und beträgt in der Zeit z

$$Q_1 = \alpha_1 (t_I - t_1) F_1 z \quad \ldots \ldots \ldots \quad (1\,a).$$

Bei W_2 tritt sie entsprechend der Größe von α_2 wieder aus der Wand heraus als

$$Q_2 = \alpha_2 (t_2 - t_{II}) F_2 z \quad \ldots \ldots \ldots \quad (1\,b).$$

Der Temperaturverlauf durch die Wand selbst ist beschrieben durch deren Wärmeleitfähigkeit λ, ihre Stärke δ und den Temperaturunterschied zwischen W_1 und W_2:

$$Q_w = \frac{\lambda}{\delta} (t_1 - t_2) z \quad \ldots \ldots \ldots \quad (4).$$

Im Dauerzustand ist

$$Q_1 = Q_w = Q_2 = Q,$$

und die Gleichungen lassen sich zu einer einzigen zusammenfassen durch Elimination von t_1 und t_2:

$$\frac{1}{\alpha_1} Q = F (t_I - t) z \quad \ldots \ldots \ldots \quad (1\,a')$$

$$\frac{\delta}{\lambda} Q = F (t_1 - t_2) z \quad \ldots \ldots \ldots \quad (4')$$

$$\frac{1}{\alpha_2} Q = F (t_2 - t_{II}) z \quad \ldots \ldots \ldots \quad (1\,b')$$

$$\left(\frac{1}{\alpha_1} + \frac{\delta}{\lambda} + \frac{1}{\alpha_2}\right) Q = (t_I - t_1 + t_1 - t_2 + t_2 - t_{II})\, F\, z = (t_I - t_{II})\, F\, z$$

oder

$$Q = \frac{1}{\dfrac{1}{\alpha_1} + \dfrac{\delta}{\lambda} + \dfrac{1}{\alpha_2}}\, (t_I - t_{II})\, F\, z \quad \ldots \ldots \ldots \quad (5)$$

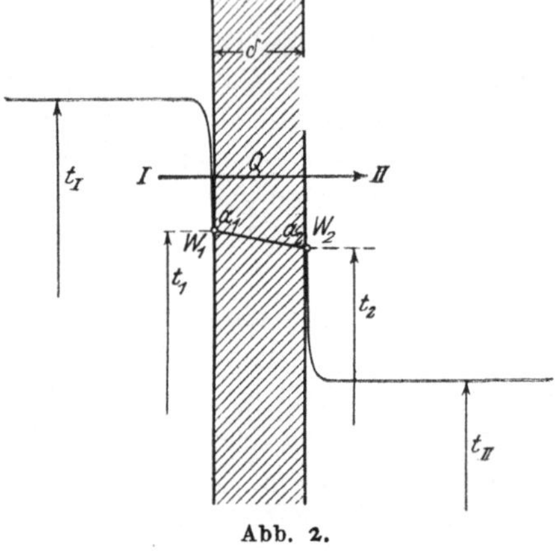

Abb. 2.

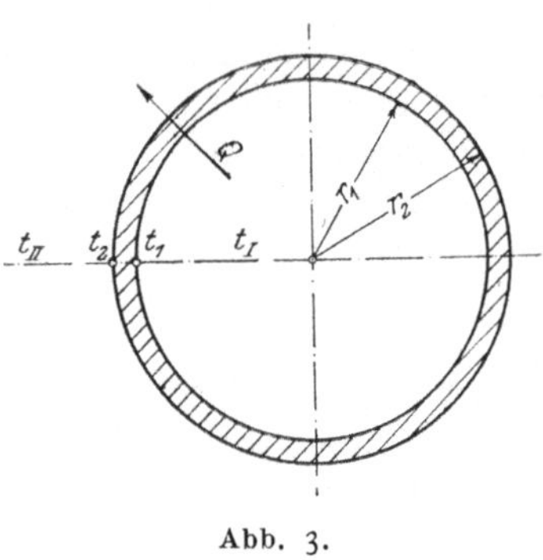

Abb. 3.

Der Bruchwert heißt »Wärmedurchgangzahl« k, ist also

$$k = \frac{1}{\dfrac{1}{\alpha_1} + \dfrac{\delta}{\lambda} + \dfrac{1}{\alpha_2}} \quad \ldots \ldots \ldots \ldots \quad (6)$$

und gilt für eine planparallele Wand.

Für ein Rohr, dessen innerer Halbmesser r_1 und dessen äußerer r_2 ist, Abb. 3, gilt bei l m Rohrlänge:

$$Q = \alpha_1\, (t_I - t_1)\, 2\, r_1\, \pi\, l\, z \quad \ldots \ldots \ldots \ldots \quad (1\,a'')$$

$$= \lambda\, (t_1 - t_2)\, 2 \ln \frac{r_1}{r_2}\, \pi\, l\, z \quad \ldots \ldots \ldots \quad (4'')$$

$$= \alpha_2\, (t_2 - t_{II})\, 2\, r_2\, \pi\, l\, z \quad \ldots \ldots \ldots \quad (1\,b'').$$

Auch hier läßt sich t_1 und t_2 eliminieren, und es bleibt

$$Q = \frac{(t_I - t_{II})\, 2\, \pi\, l\, z}{\dfrac{1}{\alpha_1\, r_1} + \dfrac{1}{\alpha_2\, r_2} + \dfrac{\ln \dfrac{r_2}{r_1}}{\lambda}} \quad \ldots \ldots \ldots \quad (5\,a)$$

und

$$k = \frac{1}{\dfrac{1}{\alpha_1\, r_1} + \dfrac{1}{\alpha_2\, r_2} + \dfrac{\ln \dfrac{r_2}{r_1}}{\lambda}} \quad \ldots \ldots \ldots \quad (6\,a).$$

In vielen Fällen wird es genügen, die Formeln (5) und (6) zu benutzen und für F darin eine angenäherte mittlere Durchgangsfläche

$$F_m = \frac{F_1 + F_2}{2} \quad \ldots \ldots \ldots \ldots \quad (7)$$

zu setzen, deren genauer Wert [nach Berner[1]] sich aus dem Vergleich der Formeln (5) und (5a) ergibt zu

$$F_m = l\, \pi\, \frac{\dfrac{1}{\alpha_1} + \dfrac{1}{\alpha_2} + \dfrac{\delta}{\lambda}}{\dfrac{1}{2\, \alpha_1\, r_1} + \dfrac{1}{2\, \alpha_2\, r_2} + \dfrac{1}{2\, \lambda} \ln \dfrac{r_1}{r_2}} \quad \ldots \ldots \ldots \quad (7\,a).$$

---

[1] **Berner, Die Erzeugung des überhitzten Wasserdampfes. Lit.-Nachw. Nr. 6.**

2) Die Betrachtung der Gl. (6) und (6a) ergibt übrigens, daß in den meisten Fällen das mit λ behaftete Glied gegen die andern vernachlässigt werden kann, besonders dann, wenn die Wand verhältnismäßig dünn und ihre Leitzahl ziemlich groß ist. Besonders für Heißdampf und Luft, welche Mittel die vom Verfasser verwendeten Versuchsrohre begrenzten, ist die Größenordnung dieses Gliedes verhältnismäßig sehr niedrig.

Wäre beispielsweise bei einem Ueberhitzerelement α_1 (Heizgase) $= 10$, α_2 (Heißdampf von 7 at) $= 100$, die Leitfähigkeit[1]) der Wand $\delta = 50$, ihre Stärke $\delta = 0{,}004$ m, dann ist

$$k = \frac{1}{\dfrac{1}{10} + \dfrac{0{,}004}{50} + \dfrac{1}{100}} = \frac{1}{0{,}100 + 0{,}00008 + 0{,}010} = \frac{1}{0{,}11} = 9{,}09.$$

In diesem Falle kann also das zweite Glied im Nenner vernachlässigt und

$$k = \frac{1}{\dfrac{1}{\alpha_1} + \dfrac{1}{\alpha_2}} \qquad \ldots \ldots \ldots \quad (6\,\mathrm{b})$$

gesetzt werden.

Bei sehr großem α_1 und α_2 muß jedoch $\dfrac{\delta}{\lambda}$ berücksichtigt werden. Beispielsweise wird bei kondensierendem Dampf und strömendem Wasser

$$k = \frac{1}{\dfrac{1}{\alpha_1} + \dfrac{1}{\alpha_2}} = \frac{1}{\dfrac{1}{15\,000} + \dfrac{1}{5000}} = 3745,$$

während mit $\dfrac{\delta}{\lambda} = 0{,}00004$ der genaue Wert $k = 3257$ ist.

3) Es ist für den Versuch wie für den Entwurf praktischer Anlagen häufig sehr wünschenswert, die bei einem Wärmedurchgang in Frage kommende Wandtemperatur zu kennen, beim Versuch für die Bestimmung der Wärmeübergangzahl deshalb, weil der Temperaturunterschied zwischen Wand und strömendem Mittel eine genau meßbare Größe sein muß, also nicht zu klein sein darf, für die Praxis zum Zwecke der Entscheidung, ob ein Stoff in der Nähe hoher Temperaturen nicht überansprucht wird.

Die Wandtemperatur liegt jedenfalls immer zwischen den Temperaturhöhen der beiderseits angrenzenden Mittel; und zwar der Beziehung $\varDelta t = \dfrac{Q}{\alpha}$ gemäß dem Werte des Mittels mit der höheren Wärmeübergangzahl α am nächsten (bei großem α ist $\varDelta t$ klein).

Befindet sich auf der einen Seite der Wand ein Mittel, dessen Wärmeübergangzahl groß ist (etwa kondensierender Dampf mit $\alpha_D = 10000$), und auf der anderen Seite ein solches mit kleinerem α (etwa Luft mit $\alpha_L = 10$), so kann man mit guter Annäherung sagen, daß die Wand die Temperatur des ersten Mittels besitzt.

Ist die Größenordnung der Uebergangzahl für beide Seiten gering und etwa gleich, so treten jedoch bedeutende, gut meßbare Temperaturunterschiede zwischen Wand und den beiden Mitteln ein (z. B. Heißdampf und Luft).

Eine an siedendes bewegtes Wasser grenzende Wand wird daher immer an der vom Wasser berührten Fläche eine mäßige Temperatur zeigen, selbst wenn die eine Seite der unmittelbaren Einwirkung des Brennstoffes ausgesetzt ist (Dampfkesselfeuerung, Bone-Schnabelsche Feuerung[2])).

---

[1]) Die Leitfähigkeit λ ist für Schmiedeisen rd. 42, für Gußeisen rd. 53, für Kupfer rd. 320.
[2]) R. Blum, Die flammenlose Verbrennung. Lit.-Nachw. Nr. 11.

4) An der Wärmeübertragung beteiligt sich außer den genannten Größen in bestimmten Fällen auch noch die Strahlung. Diese kann in doppelter Weise für Rohrleitungen zur Geltung kommen.

Erstens wird in einem Rohrquerschnitt, dessen Temperaturverteilung mit dem Halbmesser veränderlich ist, die Wärme von Punkten höherer Temperatur zu solchen tieferer Temperatur nicht allein durch die dem strömenden Mittel eigentümliche Leitfähigkeit und die durch Wirbelströmungen begründete Strömung übertragen, sondern je nach dem Temperaturunterschied und den Strahlungskonstanten der Mittel mehr oder weniger auch durch Strahlung. Diejenigen Wärmestrahlen, welche die Wand treffen, werden dort entweder zurückgeworfen und dringen zu weiteren Punkten der Wand vor; oder sie werden verschluckt und tragen zur stärkeren Erwärmung der Wandstelle bei.

Zweitens wird die äußere, der wärmeren oder kälteren Umgebung ausgesetzte Oberfläche eines Rohres ebenfalls nicht nur durch die ab- oder zugeleitete oder -strömende Wärme in ihrer Temperatur beeinflußt, sondern wiederum auch durch Zu- oder Abstrahlung. Da, wie später gezeigt wird, die von einem Körper zu einem andern ausgestrahlte Wärmemenge etwa dem Unterschied aus den vierten Potenzen der absoluten Temperaturen dieser Körper proportional ist, so ist der Strahlungseinfluß besonders dort beträchtlich, wo hohe Temperaturen in Frage kommen, wie z. B. bei der Heizfläche eines Dampfkessels, die unmittelbar über dem Rost liegt.

Die Ausführung von Wärmeübergangsversuchen durch unmittelbare Messungen wird durch den Einfluß der Wandstrahlung nicht gestört, sofern es nur gelingt, die Wandtemperatur und die mittlere Temperatur des Mittels einwandfrei richtig zu bestimmen. Denn die Wärmeübergangzahl α gibt ihrer Bestimmung gemäß die ganze für 1 Grad Temperaturunterschied in der Zeiteinheit von der Flächeneinheit abgegebene Wärmemenge an. Es darf dies deshalb wohl betont werden, weil man durch Wärmeübergangsversuche die durch Einführung der Strahlungsgesetze in die Formeln für Wärmedurchgangsversuche entstehenden rechnerischen Schwierigkeiten vermeiden kann.

d) Zusammenfassung und weitere Richtlinien.

Aus dem Gesagten möge entnommen werden, daß es zur Berechnung einer an Dampf zu übertragenden oder dem Dampf zu entziehenden Wärmemenge in erster Linie der genauen Kenntnis der Wärmeübergangzahl für alle möglichen Fälle bedarf.

Für kondensierenden Wasserdampf besitzt die Literatur nun eine Menge von Versuchsergebnissen, die für die praktische Benutzung genügen dürften. Für die übertragene Wärme kommt übrigens in solchen Fällen, in denen, wie etwa bei Dampfheizanlagen, die Wärmeübergangzahl des Nachbarmittels bedeutend geringer ist, hauptsächlich nur diese zur Geltung. Dort dagegen, wo das Mittel auf der anderen Wandseite einen α-Wert mittlerer Größenordnung besitzt, wie etwa bei Dampfkochern, kommt der Wert von $\alpha_{\text{kond. Dpf.}}$ mehr zur Wirkung. Nun hängt diese Zahl nicht so sehr von frei veränderlichen Größen (Druck, Geschwindigkeit) ab, als von gewissen an der Anordnung gebundenen Bedingungen, davon z. B., wie schnell in der betreffenden Anordnung das Dampfkondensat von der Wand abgeleitet werden kann, wieviel Feuchtigkeit der Dampf an der betrachteten Stelle gerade enthält, welche Luftmenge ihm beigemischt ist. Die Versuche an ausgeführten Gebrauchsanlagen sind daher hier verallgemeinernden Laboratoriumsversuchen vorzuziehen, wenn sie nur mittels der Theorie der Wärmeübertragung richtig ge‑deutet werden.

Eine Untersuchung mit trocken gesättigtem Dampf ist insofern unausführbar und praktisch zwecklos, als bei Wärmezufuhr oder -entziehung sofort die Ueberhitzung oder feuchte Sättigung eintritt.

Für Sattdampf genügen demnach die bisherigen Ergebnisse; zu der wichtigen Kenntnis des Wärmeüberganges bei Heißdampf soll die vorliegende Arbeit ein Beitrag sein.

II. Der Werdegang der Erkenntnis der Wärmeübergangsgesetze für Dampf.

a) Ueberblick.

1) Zeitliche Entwicklung.
2) Geschichtliche Bearbeitung.

1) Die Geschichte der Wärmeübertragungsforschung umfaßt drei Abschnitte.

Der erste Abschnitt beginnt gegen Ende des 17. Jahrhunderts mit Newtons[1] Untersuchungen über die Abkühlung eines sich selbst überlassenen Körpers in einer kälteren Umgebung. Sein Arbeitsgebiet ist rein physikalisch-theoretisch.

Die Forschungen des zweiten Abschnittes, dessen ersten Markstein im Jahre 1861 Joule[2] legte, wurden dagegen von der Praxis benutzt. Sie umfassen reine Wärmedurchgangsversuche.

Der dritte Abschnitt, eröffnet 1900 mit der Verwendung von Wandtemperaturmessungen bei Wärmeübertragungsversuchen von Holborn und Dittenberger[3], pflegt die reinen Wärmeübergangsbestimmungen. Ungezählte Fragen der Praxis werden jetzt auf dem Wege des wissenschaftlichen Laboratoriumsversuches der Lösung entgegengeführt.

2) Die einzelnen Beiträge zur Klärung der Wärmeübertragungsgesetze sind ungemein zahlreich. Um ihre geschichtliche Bearbeitung machte sich W. E. Dalby[4] verdient, der im Jahre 1900 eine Sammlung von mehr als 500 die Wärmeübertragung betreffenden Abhandlungen und Ueberlegungen zahlreicher Theoretiker und Praktiker vorlegen konnte; ferner R. Mollier[5] um die Verarbeitung der bis zum Jahre 1896 bekannten, besonders auch mit gesättigtem Wasserdampf ausgeführten Versuche; eine vorzügliche theoretische Sammelarbeit ist endlich die Studie von Leprince-Ringuet[6] aus dem Jahre 1909.

b) Die Erkenntnisse.

1) Abkühlungstheorien.
    α) Newton-Fourier.
    β) Lorenz.

---

[1] Newton, Scala graduum caloris et frigoris. Lit.-Nachw. Nr. 44.

[2] Joule, On the Surface Condensation of Steam. Lit.-Nachw. Nr. 27.

[3] L. Holborn und W. Dittenberger, Wärmedurchgang durch Heizflächen. Lit.-Nachw. Nr. 27.

[4] W. E. Dalby, Heat Transmission. Lit.-Nachw. Nr. 15.

[5] R. Mollier, Lit.-Nachw. Nr. 42.

[6] F. Leprince-Ringuet, Étude sur la Transmission de la Chaleur entre un Fluide en Mouvement et une Surface métallique. Lit.-Nachw. Nr. 37.

*2) Wärmedurchgangsversuche und ihre Verwertung für den Wärmeüber-
gang bei kondensierendem Wasserdampf.*

  α) Joule, Ser, Nichol, Hagemann.
  β) English und Donkin, Nusselt, Josse.
  γ) Beeinflussung der Wärmeübertragung bei Sattdampf.
  δ) Strahlungsgesetze.
  ε) Behinderung des Wärmedurchganges.

1 α) Schon die ersten Untersuchungen ergaben nach Newton[1]) für die einen Körper in einem Zeitteilchen dz verlassende Wärmemenge dQ, wenn ein Oberflächenteilchen df mit der Umgebung den Temperaturunterschied $\varDelta t$ zeigt, das Gesetz

$$dQ = \alpha\,\varDelta t\,df\,dz \dots \dots \dots \quad (1\,\mathrm{a}).$$

Der »Proportionalitätsfaktor« α stellte die »äußere Leitfähigkeit« des Körpers dar. Es zeigte sich, daß α je nach den Umständen sehr verschiedene Werte besitzt. Fourier[2]) erklärte diese Veränderlichkeit aus der verschiedenen Oberflächenbeschaffenheit (dem »mechanischen Zustand der Oberfläche«) und in schwachem Maße auch aus der Abhängigkeit von der Temperatur t der Oberfläche.

Um dem Fourierschen Gesetz allgemeine Geltung zu geben, suchte man deshalb nach den bestimmenden Funktionen für α und $\varDelta t$. Ohne wesentlichen Erfolg führte man ein

$$\alpha = \alpha_0\,(1 + ct) \dots \dots \dots \dots \quad (8)$$

oder suchte für $\varDelta t$ einen passenden Exponenten.

β) Es zeigte sich, daß alle diese Gesetzmäßigkeiten nur für enge Gebiete galten. Die Abkühlungsfrage fand dann eine gründlichere Behandlung 1881 durch Lorenz[3]), der die Ableitung theoretisch durchführte für den Fall, daß eine Platte von unendlicher Breite und endlicher Höhe lotrecht in Luft aufgehängt sei. Da er die infolge der Erwärmung der angrenzenden Luft eintretende Bewegung in Rechnung ziehen muß, so erscheinen in seinen Gleichungen die Geschwindigkeit w und die Temperatur der Luft T_L, ferner ihre Reibungszahl η (die »Zähigkeit«), ihre Dichte ϱ beim entsprechenden Zustand, desgleichen ihre spezifische Wärme c_p. Der Uebertragung der Wärme durch die Luft wird durch Einführung der Wärmeleitzahl λ der Luft entsprochen und endlich mit gewissen Vernachlässigungen die sekundlich aus 1 qcm austretende Wärmemenge q gefunden zu

$$q = N \sqrt[4]{\frac{c_p\,g\,\lambda^3}{\eta\,H\,T_L}}\,\sqrt{\varrho}\,\varDelta t^{5/4} \dots \dots \dots \quad (9).$$

N ist $= \left[\dfrac{\partial\,\varDelta t}{\partial x}\right]_{x=0}$, wobei x der Abstand von der Wand ist. Ferner ist g die Fallbeschleunigung und H die Plattenhöhe.

Zahlenmäßig ist

$$q = 0{,}000096\,H^{-1/4}\,\varDelta t^{5/4}\left(\frac{\text{grcal}}{^0\text{C}\ \text{m}^2\ \text{sk}}\right) = 3{,}45\,H^{-1/4}\,\varDelta t^{5/4}\left(\frac{\text{WE}}{^0\text{C}\ \text{m}^2\ \text{sk}}\right) \quad (9\,\mathrm{a}).$$

Man übersieht, wie schnell die Unübersichtlichkeit steigt, wenn die Formeln die physikalischen Vorgänge bei der Wärmeübertragung nur einigermaßen vollständig beschreiben sollen.

---

[1]) Newton, Lit.-Nachw. Nr. 44.
[2]) Fourier, Analytische Theorie der Wärme. Lit.-Nachw. Nr. 18.
[3]) Lorenz, Lit.-Nachw. Nr. 39.

2) Aehnlich wie die Abkühlungsgesetze des frei aufgehängten Körpers sind auch die Wärmeübergangsgesetze für ein von Flüssigkeit durchströmtes Rohr aufzubauen. Die ersten theoretischen Erfolge erzielte hierin Osborne Reynolds[1] 1884. Seine Bearbeitung veranlaßte eine durch die hydrodynamischen und thermodynamischen Gesetze wohlbegründete Theorie, die durch eine große Reihe von späteren Versuchen verschiedener Forscher in den Hauptgesetzen bestätigt wurde. Ehe wir diese von den neueren Versuchen untrennbaren Entwicklungen verfolgen, wenden wir uns zu der großen Gruppe von Forschungsarbeiten, die dem zweiten Abschnitt angehören, den Untersuchungen über den Wärmedurchgang. Vor allem beschäftigen uns hier die Versuche mit kondensierendem Wasserdampf, wobei aus oben, S. 11, erläuterten Gründen zur Berechnung der Wärmeübergangzahl diejenigen ausgeschieden werden können, bei denen sich auf der einen Seite der Wand ein Mittel mit einer Wärmeübergangzahl von kleiner Größenordnung befand. Bei andern hinwiederum muß hier auf Verwertung verzichtet werden, weil der Bewegungszustand dieses Mittels aus den Versuchsangaben nicht deutlich genug hervorgeht. Wo dies jedoch der Fall ist und die Wärme an Wasser übertragen wird, sind wir in der Lage, vermittels der Kenntnis der Wärmeübergangzahl für Wasser an Rohrwände, zuletzt genau ermittelt von Soennecken[2], sowie des Leitvermögens und der Stärke der Wand die Wärmeübergangzahl für kondensierenden Dampf mit Hülfe der Gl. (6), S. 10, zu finden.

α) Im Jahre 1861 legte Joule[3] die Ergebnisse der ersten sorgfältig ausgeführten Wärmedurchgangsversuche vor. Ein Teil derselben wurde mit Dampf und Wasser ausgeführt. Mollier[4] faßt das Wärmedurchgangsgesetz aus den Jouleschen Versuchen zusammen in die Form

$$k_{\text{Joule}} = 1750 \sqrt[3]{v} \qquad \ldots \qquad (10)$$

für die Geschwindigkeitsgrenzen des Wassers $v = 0{,}05$ bis 2 m/sk. Setzt man die von Soennecken gefundenen Werte für den Wärmeübergang bei Wasser α_W in die Wärmedurchgangsformel (6) ein, so ergibt sich die Größenordnung der Wärmeübergangzahl $\alpha_{\text{kond. Dpf.}}$ für die verschiedenen Wassergeschwindigkeiten ziemlich gleichbleibend etwa zu

$$\alpha_D = \alpha_{\text{kond. Dpf.}} = 3200,$$

wie aus Zahlentafel 1 ersichtlich ist.

Zahlentafel 1.

Wassergeschw. $v = $ m/sk	Wärmedurchgangzahl $k_{\text{Joule}} = 1750\sqrt[3]{v}$	$\dfrac{1}{k} = \dfrac{1}{\alpha_W} + \dfrac{\delta}{\lambda} + \dfrac{1}{\alpha_D}$	Wärmeübergangzahl α_W (Soennecken)	$\dfrac{1}{\alpha_W}$	$\dfrac{1}{\alpha_D} = \dfrac{1}{k} - \dfrac{1}{\alpha_W} - \dfrac{\delta}{\lambda}$	α_D
0,50	1390	0,000719	2200	0,000455	0,000263	3810
1,00	1750	0,000572	4200	0,000248	0,000323	3100
1,50	2000	0,000500	5850	0,000173	0,000326	3070
2,00	2200	0,000454	6800	0,000147	0,000306	3270

$$\left(\text{Hierin } \frac{\delta^{(m)}}{\lambda_{\text{Kupfer}}} = \frac{0{,}0002}{300} = 0{,}000001\right).$$

<hr>

[1] O. Reynolds, On the Motion of Water and the Law of Resistance in parallel Cannels. Lit.-Nachw. Nr. 53.

[2] Soennecken, Lit.-Nachw. Nr. 56.

[3] Joule, Lit.-Nachw. Nr. 27.

[4] Mollier, Lit.-Nachw. Nr. 42.

Die Versuche Joules ergaben demnach einen sehr kleinen Wert von α_D, wie auch Abb. 4 zeigt.

Weit höhere Wärmeübergangzahlen ergeben die Untersuchungen von Ser[1]), nach dessen Versuchsergebnissen die Annäherungsbeziehung für den

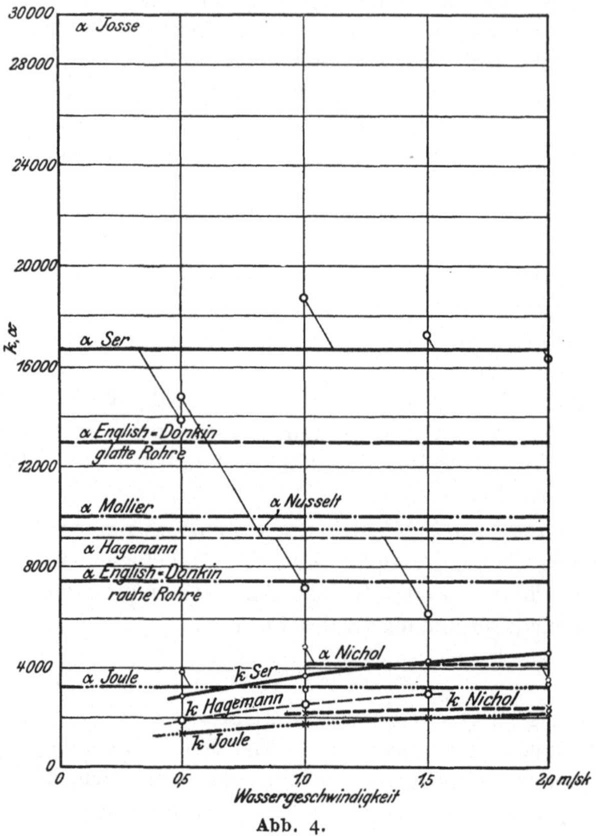

Abb. 4.

Wärmedurchgang gesetzt werden kann:

$$k_{\text{Ser}} = 3640 \sqrt[3]{v} \quad \ldots \ldots \ldots \ldots \quad (10\,a).$$

Mit Annahme der Werte von α_W ergibt sich wie oben α_D in Zahlentafel 2.

Zahlentafel 2.

v	k	α_D (Soennecken)	α_D (Ser)
0,5	2890	—	13 890
1,0	3640	—	18 870
1,5	4160	14 930	17 230
2,0	4580	14 090	16 400

Ser benutzte für die Berechnung des Wärmeübergangs von Wasser zur Wand die aus seinen Versuchen abgeleitete Beziehung:

$$\alpha_{W\text{Ser}} = 4500 \sqrt{v} \quad \ldots \ldots \ldots \ldots \quad (11),$$

womit sich die Uebergangzahlen für Wand-Dampf $\alpha_{D\text{Ser}}$ ergeben. Die Größen-

[1]) Ser, Production et Utilisation de la Chaleur. Lit.-Nachw. Nr. 55.

ordnung von α_D ist also die fünffache der bei Joule gefundenen. Sie besitzt jedoch die weitaus größere Wahrscheinlichkeit.

In der vorletzten Spalte der Zahlentafel 2 sind die Soenneckenschen Werte für α_w benutzt, die bei geringen Geschwindigkeiten mit den Serschen Versuchen nicht in Einklang zu bringen sind.

Aus den Versuchen von Hagemann[1] ergibt sich mit Zahlentafel 3:

Zahlentafel 3.

v	k	α_D Hagemann
0,5	1900	14 080
1,0	2580	7 190
1,5	2960	6 100

also Werte, die zwischen denen von Joule und Ser liegen.

Ferner fand (nach Mollier) Nichol[2]:

$$\text{Bei } v = 1 \text{ m/sk mit senkrechten Rohren } \alpha_D = 4830,$$
$$2 \;\text{»} \quad\quad \text{wagerechten} \quad\text{»} \quad\text{» } = 3470.$$

β) Die Wärmedurchgangsbestimmungen mit kondensierendem Dampf sind auch in neuerer Zeit noch sehr häufig angestellt worden. Sie lassen fast alle das Gesetz erkennen, daß die übertragene Wärmemenge wesentlich abhängt von dem Bewegungszustande des angewärmten Kühlwassers auf der einen, sowie der Beseitigung des entstandenen Kondensats auf der andern Seite (welche Beseitigung zum Teil mit der Rauheit der Wand zusammenhängt), sowie ferner von dem Luftgehalt des Dampfes. Denn die Wärmeübergangzahl an Wasser ändert sich mit der Bewegung des letzteren, und sie ist ebenso wie die der Luft kleiner als diejenige des kondensierenden Dampfes. Aus dieser Ursache sind wohl die großen Schwankungen in den Angaben der verschiedenen Versuchseinrichtungen zu erklären, und aus diesem Grunde sind auch die Ergebnisse von reinen Laboratoriumsversuchen schwer übertragbar auf Gebrauchseinrichtungen, wie bereits oben (S. 12) erwähnt wurde.

Aus den Versuchstafeln von English und Donkin[3] (vergl. Abb. 4) berechnete Soennecken $\alpha_{D\;\text{E. u. D.}} = 13000$ für glatte Rohre, $\alpha_D = 7500$ für rauhe Rohre.

Mollier[4] gibt als guten Mittelwert an: $\alpha_{D\,\text{Moll.}} = \text{rd. } 10000$.

Nusselts[5] Versuchsrohre aus glattem Messing für Gase waren mit kondensierendem Dampf geheizt. Aus der gemessenen Temperatur des Rohres und der bekannten Dampftemperatur berechnete er aus mehreren Versuchen im Mittel

$$\alpha_{D\,\text{Nuss.}} = 9500.$$

E. Josse[6] hat das Verdienst, an großen Oberflächenkondensatoren genaue Versuche angestellt zu haben. Er kommt zu dem überraschenden Ergebnis,

---

[1]) Hagemann, Wärmeübergang von Dampf an Wasser. Lit.-Nachw. Nr. 22.

[2]) Nichol, Heating and Concentrating Liquids by Steam. Lit.-Nachw. Nr. 45.

[3]) English und Donkin, Transmission of Heat from Surface Condensation through Metal Cylinders. Lit.-Nachw. Nr. 17.

[4]) Mollier, Lit.-Nachw. Nr. 42.

[5]) Nusselt, Lit.-Nachw. Nr. 46.

[6]) Josse, Versuche über Oberflächenkondensation, insbesondere für Dampfturbinen. Lit.-Nachw. Nr. 26.

daß die Wärmeübergangzahl durch entsprechende Anordnung weit über die obigen Zahlen hinausgebracht werden kann. Durch Rechnung findet man aus einzelnen Versuchen Werte von der Größenordnung 30000.

γ) Doch scheint es nur in seltenen Fällen der Praxis geboten, mit derartig hohen Werten zu rechnen. Sie treten nur ausnahmsweise auf und werden sonst immer durch die Beimengungen von Luft oder Wasser im Dampf überdeckt und sind auch infolge der auf S. 11 aufgeführten Gründe bei den viel geringeren Wärmeübergangzahlen auf der anderen Wandseite nicht mehr von großem Einfluß auf die Wärmedurchgangzahl. Sondern hier gilt:

1) Bei jeder Wärmeübertragung in der Praxis genügt für die Berechnung die Kenntnis, daß die Größenordnung des Wärmeübergangswertes des kondensierenden, luftfreien Dampfes überaus groß ist.

2) Infolgedessen sind die Gesichtspunkte, nach denen der Konstrukteur zu arbeiten hat:

a) Erzielung möglichst luftfreien Dampfes.

b) Schnelles Entfernen des Kondenswassers.

c) Weitgehendste Beeinflussung der Vorgänge auf der andern Wandseite, also große Kühlwassergeschwindigkeiten und möglichste Durchmischung bei der Wand, wenn es sich um Anlagen nach Art der Kondensatoren handelt, oder Verbesserung der Wärmeübergangsbedingungen für die Heizgase, also besonders Steigerung der Geschwindigkeit und möglichste Durchmischung derselben bei Konstruktionen nach Art des sattdampferfüllten ersten Teils eines Dampfüberhitzers.

Ebenso nehmen in Vorrichtungen nach Art der Dampfkocher die zu erwärmenden tropfbar flüssigen Körper bei wirksamster Rühranlage die relativ größten Wärmemengen auf.

δ) In vielen Fällen, wie etwa bei jenen, in welchen mit glühendem Brennstoff geheizt wird, wird die der Dampfseite entgegengesetzte Seite durch Strahlung stark beeinflußt. Ueber diesen Einfluß liegen eine Reihe neuerer Versuche vor, von denen einzelne Ergebnisse hier mitgeteilt seien.

Nach dem Stefan-Boltzmannschen Gesetz ist die zwischen zwei absolut schwarzen Körpern in der Zeiteinheit durch Strahlung ausgetauschte Wärme proportional dem Unterschied der vierten Potenzen ihrer absoluten Temperaturen T_1 und T_2, also:

$$Q_s = \sigma\,(T_1{}^4 - T_2{}^4) \quad . \quad . \quad . \quad . \quad . \quad . \quad (12).$$

Mit Berücksichtigung des »Winkelverhältnisses q_1«, das denjenigen Teil der Strahlung des ersten Körpers ausdrückt, die den zweiten Körper trifft, ferner der strahlenden Oberfläche F_1, bringt Mollier[1]) das Strahlungsgesetz in die Form:

$$Q_s = F_1\,q_1\,\sigma\,[T_1{}^4 - T_2{}^4] \quad . \quad . \quad . \quad . \quad . \quad (13).$$

Nach neueren Versuchen[2]) kann angenommen werden, daß das Stefansche Strahlungsgesetz auch bei nicht schwarzen Körpern erfüllt ist. Bezeichnet man für zwei solche Körper, die sich im Strahlungsaustausch befinden, die Strahlungskonstanten mit σ_1 und σ_2, so gilt für sie die analoge Gleichung:

$$Q_s = F_1\,q_1\,\sigma'\,[T_1{}^4 - T_2{}^4]^4 \quad . \quad . \quad . \quad . \quad . \quad (13\,a),$$

worin

---

[1]) Mollier, Lit.-Nachw. Nr. 42.

[2]) Wamsler, Die Wärmeabgabe geheizter Körper an Luft Lit.-Nachw. Nr. 61.

$$\frac{1}{\sigma'} = \frac{1}{\sigma_1} + \frac{1}{\sigma_2} - \frac{1}{\sigma}.$$

Die durch Strahlung übergehende Wärmemenge Q_s addiert sich zu der durch Berührung übertragenen Q_b:

$$Q = Q_b + Q_s \quad . \ . \ . \ . \ . \ . \ . \ . \ . \ . \ (15),$$

also in der Zeiteinheit:

$$Q = \alpha_1'(T_1 - T_W) + F_1\,\varphi'\,\sigma'\,[T_1{}^4 - T_W{}^4] \quad . \ . \ . \ . \ (15\,a),$$

wobei T_1 die mittlere absolute Temperatur der Heizgase und T_W die absolute Wandtemperatur ist und α_1 jener Teil von α, der nur die Leitung und Strömung berücksichtigt.

Der bedeutende Einfluß der Strahlungswärme auf den Wirkungsgrad einer Kesselanlage wurde besonders in neuerer Zeit öfters betont. Reutlinger[1]) zeigt an vielen Versuchsberichten, wie Kesselanlagen, bei denen die der Strahlung

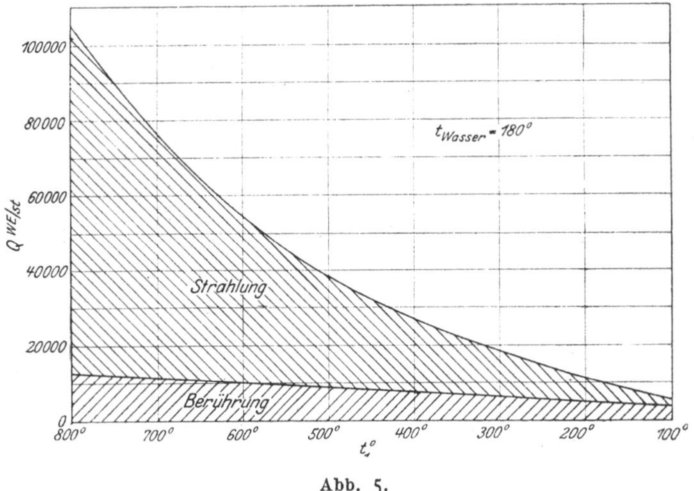

Abb. 5.

des glühenden Brennstoffes, der Heizgase und des glühenden Mauerwerkes ausgesetzte Heizfläche zu der nur durch Berührung Wärme aufnehmenden verhältnismäßig groß ist, auch einen höheren Wirkungsgrad ergeben haben.

An einem Schaubild, das nach der Gleichung (15 a) aufgezeichnet ist, wird der Anteil der Wärmeübertragung zu einem Kessel bei gleichzeitiger Wirkung von Strahlung und Berührung gezeigt (Abb. 5).

Ein anderes Schaubild, das ich ebenfalls hier herübernehme (Abb. 6), zeigt den auffallenden Einfluß der Strahlung auf die Wärmedurchgangzahl und die Wärmeleistung der Heizfläche. Hier verdampfen die ersten fünf Quadratmeter durchschnittlich ungefähr 23 mal soviel wie die letzten fünf Quadratmeter.

ε) Derselbe Verfasser behandelt in einer andern Arbeit[2]) den wärmehemmenden Einfluß der Verunreinigungen einer Heizfläche. Während Kesselstein und Schlammablagerungen, dessen Leitfähigkeit nicht allzu klein ist, sowie Verunreinigungen durch Oel, wenn sie nur als dünne Schicht auftreten, aus den-

---

[1]) Reutlinger, Unsere Kenntnis vom Werte der Heizfläche und ihre Anwendung auf die Praxis. Lit.-Nachw. Nr. 52.

[2]) Reutlinger, Ueber den Einfluß des Kesselsteins und anderer wärmehemmender Ablagerungen auf die Wirtschaftlichkeit und Betriebsicherheit von Heizvorrichtungen. Lit.-Nachw. Nr. 51.

selben Gründen, die oben für den Einfluß der Wandstärke angeführt wurden, den Wärmedurchgang besonders bei starkem Strahlungsanteil nicht allzu sehr behindern, kann die Schädigung in Vorrichtungen mit hohen Wärmeübergangzahlen zu beiden Seiten der Wand (Kondensatoren, Heizschlangen) ziemlich hohe Beträge annehmen.

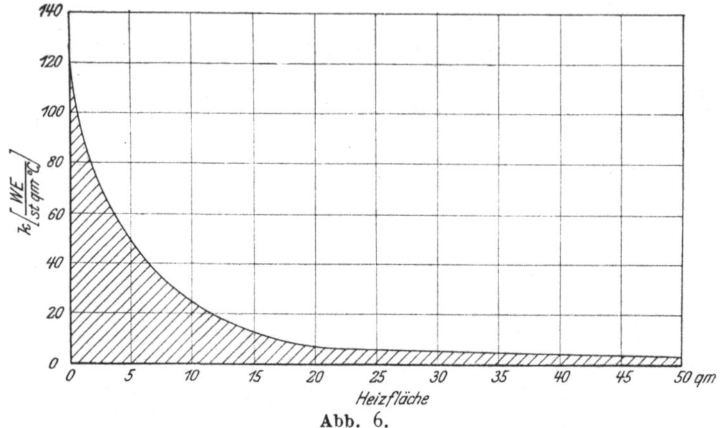

Abb. 6.

Zusammenfassend erkennen wir: die Wärmeübertragung von Heizgasen an Wasserdampf kann nicht eindeutig durch einfache Gesetze angegeben werden. Sie muß berechnet werden aus einer Reihe von stark veränderlichen Einzelgrößen. Von diesen sind die wichtigsten die Wärmeübergangzahlen von geringer Größenordnung, also der Heizgase und des überhitzten Dampfes. Die Kenntnis der thermodynamischen und hydrodynamischen Gesetze für diese Mittel führt zu allgemeinen Bedingungsgleichungen für die Uebergangzahl α, eine Reihe der auf diese Kenntnisse gestützten Versuche auf ihre zahlenmäßige Größe im Einzelfall.

3) *Die exakten Theorien des Wärmeübergangs.*

  α) Strömungs- und Druckabfallsgesetze für nicht zusammendrückbare Flüssigkeiten von Reynolds.

  β) Temperaturabfallgesetz von Stanton.

  γ) Die Wärmeübergangsgesetze für zusammendrückbare Flüssigkeiten (Berner, Nusselt, Binder, Leprince-Ringuet, Groeber).

3) α) Osborne Reynolds schied die Gesetzmäßigkeiten der Strömung in solche, die über der kritischen und solche, die unter der kritischen Geschwindigkeit gelten. Die kritische Geschwindigkeit v_c ist jene, bei welcher die Parallelströmung der Stromfäden plötzlich zur Wirbelströmung wird. Sie ist gegeben bei

$$v_c = \frac{\mathrm{I}}{278} \frac{P}{D} \quad \cdot \quad \cdot \quad \cdot \quad \cdot \quad \cdot \quad \cdot \quad \cdot \quad \cdot \quad (16),$$

wobei P eine Funktion der Temperatur T ist:

$$P = (\mathrm{I} + 0{,}0336\, T + 0{,}000221\, T^2)^{-1},$$

und D den Rohrdurchmesser in m bedeutet.

Reynolds geht nun von der Berechnung der Geschwindigkeitsverteilung aus, welche zähe Flüssigkeiten im Rohrquerschnitt zeigen. Eine Grenzbedingung ist die, daß an der rauhen Rohrwand die Geschwindigkeit o herrschen muß.

Damit erreicht er die Kenntnis eines Gesetzes über den Druckabfall dp in Rohren auf ein Längenelement dx:

$$\frac{dp}{dx} = \frac{P^{2-m}}{d^{3-m}}\, v^m\, \frac{B^m}{A} \quad \ldots \ldots \ldots \ldots \quad (17),$$

worin A, B und m Konstante sind.

Seine Bewegungsgleichunger sind aufgebaut auf den zuerst 1822 von Navier benutzten, dann von Claude und Poisson, endlich von St. Venant und Stockes[1] ausgebauten Strömungsgesetzen.

β) Stanton[2] wies 1897 darauf hin, daß die Gesetze der Wärmeübertragung in Rohrleitungen die gleichen sein müssen, wie die bekannten Gesetze über den Druckabfall im Rohr.

Soennecken formt die Beziehungen nach Gl. (17) um, wie folgt·

$$\frac{dt}{dx} = \text{konst.} \frac{P^{2-m}}{d^{3-m}}\, w^{m-2}\, (T-t) \quad \ldots \ldots \ldots \quad (18),$$

demgemäß ist der Wärmeübergang:

$$\alpha = \text{konst.} \frac{P^{2-m}}{d^{2-m}} - 1 \quad \ldots \ldots \ldots \ldots \quad (19).$$

T ist die Wasser- und t die Rohrwandtemperatur, w die Geschwindigkeit. Stanton selbst kommt zu der Form:

$$\frac{dt}{dx} = \frac{B^n}{A}\, \frac{g}{D}\, \frac{P^{2-m}}{d^{3-m}}\, w^{m-2}\, (T-t) \quad \ldots \ldots \ldots \quad (20)$$

und zu

$$\alpha = \frac{CB^n}{g} \left(\frac{\eta}{d}\right)^{1-n} (w\,\varrho)^n \quad \ldots \ldots \ldots \quad (21),$$

$n = 0{,}722$, η ist die Zähigkeit.

Soennecken zeigt, daß sich mit der Reynoldsschen Theorie die Stantonschen Ergebnisse nicht restlos erklären lassen. α nimmt nämlich nicht der Erwartung gemäß mit steigender Flüssigkeitstemperatur ab, sondern zu.

In anderer Form ist die Stantonsche Beziehung für den Wärmeübergang:

$$\alpha = \text{konst.} \frac{P^{2-m}}{d^{2-m}}\, w^{m-1}(1 + \gamma\,T)(1 + \beta\,t) . \quad (20\,\text{a}),$$

darin ist nach seinen genau durchgeführten Versuchen

$$m = 1{,}84; \quad \gamma = 0{,}004; \quad \beta = 0{,}01.$$

γ) Die Gl. (16) bis (22) waren für strömendes Wasser abgeleitet worden. Sie haben demnach im wesentlichen hydrodynamischen Charakter. Sobald jedoch zusammendrückbare, stark temperaturveränderliche Mittel betrachtet werden sollen, müssen die Gesetze der Thermodynamik einbezogen werden, die der Wärmeübergangzahl für Heißdampf außerordentliche Aenderungsmöglichkeiten verschaffen.

In der grundlegenden Arbeit Berners[3] »Die Erzeugung des überhitzten Wasserdampfes« zum Beispiel werden im Jahre 1904 die ersten Vermutungen ausgesprochen, welche Größen den Wärmeübergang bei Heißdampf wohl beeinflussen. Berner gibt an:

1) Der Bewegungszustand der Flüssigkeiten ist von wesentlichem Einfluß auf die Wärmeübertragung. Größere Geschwindigkeiten bedingen

---

[1] Stockes, On the Theorie of the internal Friction of Fluids in Motion. Lit.-Nachw. Nr. 58.
[2] Stanton, On the Passage of Heat between Metal Surfaces and Liquids in Contact with them. Lit.-Nachw. Nr. 57.
[3] Berner, Lit.-Nachw. Nr. 6.

höhere Wärmeübergangswerte, die sich aber bald einer Grenze zu nähern scheinen. (Wir sehen aus den späteren Versuchsergebnissen, daß sich die letzte Bemerkung nicht bestätigt hat).

2) Die gewöhnlich geringe Rauchgasgeschwindigkeit scheint von geringem Einfluß zu sein. (Auch diese Annahme bestätigt sich nicht.)

3) Der größere Rohrdurchmesser scheint kleinere Wärmeübertragung zu leisten. (Bestätigt.)

4) Es ist möglich, daß der Wärmeübergang mit der Spannung etwas wächst. (Die Versuche zeigten später ein sehr starkes Wachsen mit der Spannung.)

5) Die Wärmeübergangzahl ist groß, wenn der Dampfstrom möglichst gut gemischt ist. (Bestätigt.)

Das Zusammentreffen dieser wichtigen Fragen mit den bis dahin erlangten allgemeinen theoretischen Kenntnissen und nicht zum wenigsten eine gründlichere Vertrautheit mit den Zustandsgrößen des überhitzten Wasserdampfes, besonders seiner spezifischen Wärme, endlich die Möglichkeit der thermoelektrischen Temperaturmessung hatte nun den Boden geebnet zur endgültigen Lösung.

Im gleichen Jahre, in dem im Schlußwort von Dalbys[1]) groß angelegter literarischer Studie der Gedanke ausgesprochen wurde, daß trotz der ungemein mannigfachen theoretischen und praktischen Bearbeitung, die die Frage der Wärmeübertragung schon erfahren hatte, noch kein Ausdruck das alles zusammenfassen vermöge, was sich bei einem im Betrieb befindlichen Dampfkessel abspielt, daß es wohl nicht mehr nötig sei, für weitere Untersuchungen in dieser Richtung noch mehr Geld auszugeben[2]), und daß nur vielleicht das neue thermoelektrische Meßverfahren weitere Ergebnisse erhoffen lasse — im gleichen Jahre 1909 erschien Nusselts Arbeit über den »Wärmeübergang in Rohrleitungen«.

Darin sind die theoretischen Fragen allgemein streng mathematisch, die Versuche genauestens für Druckluft, Kohlensäure und Leuchtgas durchgeführt.

Nusselt gelangt zur Kenntnis der hydrodynamischen Beziehungen der Wärmeübergangzahl durch Betrachtung zweier Strömungsfälle an Hand des Aehnlichkeitsprinzips und ermittelt den Exponenten des Druckabfalls. Der Druckverlauf in einem Rohr wird durch Dichte, Zähigkeit und Geschwindigkeit des strömenden Mittels bedingt.

Die dreidimensionalen Stockesschen[3]) Strömungsgleichungen werden auf die betrachteten Rohre so angewandt, daß die Exponenten der Strömung im zweiten Rohr je ein bestimmtes Verhältnis zu denen im ersten Rohre haben.

Daraus ergeben sich, Gleichheit beider Fälle bis auf einen unveränderlichen Faktor vorausgesetzt, notwendige Größenbeziehung zwischen den Verhältniszahlen. Dann wird eine durch Versuchsergebnisse berechtigte allgemeine Annahme über den längs der Rohrachse gleichbleibenden Druckabfall in ähnlicher Weise wie oben für beide Fälle eingeführt.

Die verschiedenen Exponenten in dieser Gleichung erscheinen bei Einbeziehung der oben erwähnten Gleichungen über die Verhältniszahlen in bestimmtem Zusammenhang miteinander und können auf einen einzigen zurück-

<hr>

[1]) Dalby, Lit.-Nachw. Nr. 15.

[2]) Er gibt an, daß die von ihm zitierten Versuche der Orleans Railway (1884) an Lokomotivkesseln etwa 100000 Dollar kosteten.

[3]) Stockes, Lit.-Nachw. Nr. 158.

geführt werden. Die Nusseltsche Gleichung für den Druckabfall im Rohr schreibt sich dann in dieser Form:

$$- \frac{dp}{dl} = a\,w^n \varrho^{n-1} d^{n-3} \eta^{2-n} \quad \ldots \ldots \quad (22).$$

p ist der Druck,
l die Rohrlänge,
w die Geschwindigkeit,
ϱ die Dichte,
d der Rohrdurchmesser,
η die Zähigkeit,
a eine Konstante.

Für die Aufstellung der Wärmeaustauschgleichungen geht Nusselt vom D'Alembertschen Prinzip aus. Die Strömungs- und Kontinuitätsgleichungen werden hier erweitert durch die Kirchhoffsche [1]) Differentialgleichung für die Wärmeübertragung in strömenden Flüssigkeiten. Die Gesetze der Aenderung der inneren Energie eines Raumteilchens durch zugeführte Wärme und Arbeitsleistung äußerer Kräfte werden aufgestellt. Die Wärmemenge kann aus der Wärmeleitzahl der Flüssigkeit und dem Temperaturgefälle auf die Längeneinheit der Normalen zum betrachteten Oberflächenelement des betreffenden Flüssigkeitsteilchens oder einfacher aus der spezifischen Wärme bei unveränderlichem Druck und Temperaturänderung des Teilchens berechnet, die äußere Arbeit wegen ihrer Kleinheit vernachlässigt werden.

So wird bei der Wand die auf ein Teilchen ds in der Zeit dz übertragene Wärmemenge bei einer mittleren Flüssigkeitstemperatur T_0 mit der hier geltenden Leitfähigkeit der Flüssigkeit λ_{Wand} infolge des Wärmegefälles normal zur Wand $-\frac{\partial T}{\partial \nu}$ zu $-\lambda_{\text{Wand}}\, ds\, \frac{\partial T}{\partial \nu}\, dz$; andererseits ist aber diese Wärmemenge gleich $\alpha\, ds\, dz\,(T_0 - T_m)$, wenn α die äußere Leitfähigkeit, d. h. die Wärmeübergangzahl ist.

Diese Wärmemengen werden einander gleichgesetzt und ergeben beim Rohrhalbmesser r_0:

$$\alpha = \frac{-\lambda_{\text{Wand}} \left[\frac{\partial T}{\partial \nu}\right]_{r_0}}{T_0 - T_m} \quad \ldots \ldots \quad (2a).$$

Für $\frac{\partial T}{\partial \nu}$ wird nun eine durch Versuchsergebnisse berechtigte Annahme über die Abhängigkeit dieses Differentialquotienten von Geschwindigkeit, Durchmesser, Dichte, Leitfähigkeit, Zähigkeit und spezifischer Wärme gemacht:

$$\frac{\partial T}{\partial \nu} = b\,w^{n_1} d^{n_2} \varrho^{n_3} \lambda^{n_4} \eta^{n_5} c_p^{n_6} (T_0 - T_m) \quad \ldots \ldots \quad (23).$$

b ist eine Konstante.

Die in der Gleichung auftretenden Exponenten werden wie oben durch theoretische Vergleichung zweier ähnlicher Fälle in eine notwendige Beziehung zueinander gebracht, so daß sich die Wärmegleichungen für beide nur um einen stetsgleichen Faktor voneinander unterscheiden. Sie können durch Einbeziehung der mit den hydrodynamischen Gleichungen gegebenen Zusammenhänge auf zwei Exponenten vermindert und mit der Annahme, daß die Geschwindigkeitsverteilung über den Querschnitt nicht von der Dichte abhängig sei, auf einen einzigen gebracht werden.

---

[1]) Kirchhoff, Vorlesungen über die Theorie der Wärme. Lit.-Nachw. Nr. 20.

Diese verwickelten Ueberlegungen führen Nusselt zur Hauptgleichung:

$$\alpha = b \, \frac{\lambda_{\mathrm{Wand}}}{d^{\,1-n}} \left(\frac{w \varrho c_p}{\lambda} \right)^{n} \qquad \ldots \ldots \ldots \ldots \qquad (24).$$

Er führt endlich die spezifische Wärme der Raumeinheit $C_p = \varrho c_p$ ein und kommt mit sorgfältig ausgeführten Versuchen zu

$$\alpha = 15{,}90 \, \frac{\lambda_{\mathrm{Wand}}}{d^{0,214}} \left(\frac{w \, C_p}{\lambda} \right)^{0,786} \qquad \ldots \ldots \ldots \qquad (25).$$

Diese Gleichung wurde nach Abschluß der unten betrachteten Arbeiten von Rietschel und Gröber erweitert[1] zu

$$\alpha = 18{,}86 \, \frac{\lambda_{\mathrm{Wand}}}{d^{0,16} L^{0,054}} \left(\frac{w \, C_p}{\lambda} \right)^{0,786} \qquad \ldots \ldots \ldots \qquad (25\,\mathrm{a}),$$

worin L die Rohrlänge ist.

Rietschel[2] (1910) machte Versuche mit Luft, wobei sich auf der einen Seite der Wand Sattdampf befand, und konnte demnach die Wärmeübergangzahl auf der Luftseite (α_2) gleich der Wärmedurchgangzahl k setzen:

$$\alpha_2 \approx k$$

und erhielt bei G kg stündlichem Luftgewicht:

$$\alpha_2 = z \, \frac{G^{0,79}}{d^{1,74}} \qquad \ldots \ldots \ldots \ldots \ldots \qquad (26).$$

Dadurch ist der Einfluß der Geschwindigkeit und des Rohrdurchmessers gekennzeichnet.

z wurde bei einem längeren Kessel zu 0,0058 und bei einem kürzeren zu 0,0063 gefunden; hieraus ergibt sich der Einfluß der Rohrlänge.

Binder[3] (1911) sucht der Kenntnis der Wärmeübergangsgröße durch Rechnung nahe zu kommen. Er ermittelt zuerst für den Fall, daß die Luft gleichmäßig an einer Heizwand vorbeiströmt, die von letzterer abgegebene Wärme und gibt dann ein rechnerisches und zeichnerisches Verfahren zur Bestimmung der zeitlichen Erwärmung einer ruhenden Luftmasse an. Er berechnet einen »Erwärmungsfaktor σ« zu

$$\sigma = \Phi_z \left(\frac{c s}{k} \, \frac{t}{W^2} \right) \qquad \ldots \ldots \ldots \ldots \qquad (27).$$

Φ_z ist eine bestimmte Funktion,
c die spezifische Wärme,
s das spezifische Gewicht,
k die Wärmeleitzahl der ruhenden Luft,
t die Zeit und
W der Abstand von der Wand.

Für Rohre wird aus Sers Versuchen $W = 0{,}6 \, R_i$ schätzungsweise angenommen (R_i innerer Rohrhalbmesser).

Seine allgemeine Lösung für die durch Kühlluft abgeführte Wärme Q bei der Länge L und der Breite 1 der Heizfläche und der Luftgeschwindigkeit w ist

$$Q = C_1 \sqrt{L \, (1 + C_2 w) w} \qquad \ldots \ldots \ldots \qquad (28),$$

worin C_1 und C_2 Konstanten sind.

<hr>

[1] Vergl. Binder-Nusselt, Meinungsaustausch über Wärmeübergang an ruhige und bewegte Luft. Lit.-Nachw. Nr. 9.

[2] Mitteilungen der Prüfungsanstalt für Heizungs- und Lüftungsanlagen (Vorstand Dr.-Ing. Rietschel). Lit.-Nachw. Nr. 41.

[3] Binder, Ueber äußere Wärmeleitung und Erwärmung elektrischer Maschinen. Lit.-Nachw. Nr. 8.

Die zahlenmäßigen Ergebnisse decken sich übrigens nicht mit denen, die sich für Rohrversuche bei mehreren Forschern ergeben haben, sondern sind wesentlich höher, wie Nusselt zeigt[1]).

Leprince-Ringuet[2]) (1911) stellt eine Folge zahlreicher genau durchgeführter Betrachtungen und Folgerungen an auf Grund bekannter Versuchsarbeiten, so von Nusselt, Jordan, Carcanagues, Ser, Henry und der Pennsylvania Railroad über den Wärmeübergang und gibt mehrere beachtenswerte theoretische Ableitungen. Unter anderm sucht er die Abhängigkeit des α von der Flüssigkeitstemperarur t und setzt, wenn t_0 die Temperatur bei einem Vergleichsfall mit $\alpha = \alpha_0$ ist

$$\alpha = B_{t0} \left[C_0 \left(1 + \delta_0 \right)(t - t_0)\, w s \right]^n \quad \ldots \ldots \ldots \quad (29).$$

B_{t0}, C_0, δ_0 und n sind Konstanten, s das spezifische Gewicht. Aus Stantons Versuchen bei rd. 160^0 findet er

$$\delta_{160^0} = 0{,}0016\, n \quad \ldots \ldots \ldots \ldots \quad (30),$$

demnach mit den zugehörigen Konstanten:

$$\alpha = 51{,}5 \left[0{,}080 \left(1 + 0{,}0016 \right)(t + - 160)\, w s \right]^n \quad \ldots \quad (29a).$$

Die Betrachtung der Versuche vou Carcanagues[3]) bestätigt ihm trotz offenbarer wesentlicher Versuchsungenauigkeiten die Annahme, daß der Einfluß der Wandtemperatur sehr gering und daß der Exponent n veränderlich ist, ferner daß der Exponent der Rohrlänge etwa $-0{,}13$ beträgt.

Das Endergebnis dieser gründlichen Bearbeitung ist:

$$\alpha = \frac{51{,}5}{l^p} \left[0{,}0595 \left(1 + 0{,}00215\, t \right) w s \right]^n \quad \ldots \ldots \quad (31),$$

worin l die Rohrlänge,

   w die Geschwindigkeit in m/sk,

   s das spezifische Gewicht in kg/cbm,

   p noch nicht genau bekannt, etwa $0{,}13$ und

   n veränderlich ist zwischen $1{,}0$ und $0{,}5$ je nach dem Durchmesser d
   in m zwischen $d = 0$ und $d = \infty$.

Leprince-Ringuet schreibt

$$n = \frac{1 + 18\, d}{1 + 36\, d} \quad \cdot \quad \cdot \quad \cdot \quad \cdot \quad \cdot \quad \cdot \quad \cdot \quad (32)$$

(diese empirisch gefundene Beziehung wurde von Nusselt abgelehnt)[4]).

Wie Nusselt geht auch Gröber[5]) von den thermodynamischen und hydrodynamischen Beziehungen aus, welche den Energieinhalt des strömenden Gases bestimmen lassen. Auf dem Wege durch das Rohr ändert sich infolge der Temperaturänderung das Volumen des Gases und infolge geleisteter äußerer Arbeit sein Druck.

Mit der Kontinuitätsgleichung, der mechanischen Grundgleichung und der Energiegleichung strömender Flüssigkeiten entwickelt Gröber die Beziehung

$$c_p\, dT + \frac{A w^2}{g} \left(\frac{1}{T - \dfrac{w^2}{g R}} \right) dT = dQ - \frac{A w^2}{g}\, C \frac{w^2}{R T} \left(\frac{G}{F} \right)^{n-2} dl \quad \ldots \quad (33).$$

<hr>

[1]) Vergl. Binder-Nusselt, Lit.-Nachw. Nr. 9.

[2]) Leprince-Ringuet, Lit.-Nachw. Nr. 37.

[3]) Carcanagues, Recherches expérimentales sur l'Échauffement de l'Air parcourant un Tuyau maintenu extérieurement à une Temperature déterminée. Lit.-Nachw. Nr. 13.

[4]) Binder-Nusselt, Lit.-Nachw. Nr. 9.

[5]) Gröber, Lit.-Nachw. Nr. 20.

Dabei ist

T die absolute Flüssigkeitstemperatur in °C,

G das sekundlich durch den Rohrquerschnitt strömende Flüssigkeitsgewicht in kg/sk,

F der Rohrquerschnitt in m,

Q die Wärmemenge in $\dfrac{WE}{sk \cdot kg}$,

W die Strömungsgeschwindigkeit in m/sk,

c_p die spezifische Wärme bei unveränderlichem Druck in $\dfrac{WE}{kg \cdot °C}$,

A der Wärmewert der Arbeitseinheit $= {}^1/_{427}$.

g die Fallbeschleunigung in m/sk² (9,81),

R die Gaskonstante« (bei Luft 29,3),

l die Rohrlänge in m,

$C = \alpha g^{1-n} D^{n-3} \eta^{2-n}$, wenn

D der Leitungsdurchmesser in m,

η die Zähigkeit und

$\varkappa$ und n Konstanten sind.

Der Inhalt der Gl. (33) wird ersichtlich, wenn man sie in der Form schreibt:

$$dE_w + dE_v = dQ - dE_p \ldots \ldots \ldots \quad (33\,\mathrm{a}).$$

Hierin bedeutet dE_w die auf die Temperaturerhöhung des Gases verwandte Energie, dE_v die Aenderung der kinetischen Energie infolge der Ausdehnung durch Erwärmung, dQ die von außen zugeführte Wärme· und endlich dE_p die Aenderung der kinetischen Energie infolge der Ausdehnung bei der Drucksenkung. Letztere kann durch die Nusseltsche Beziehung in der Form

$$dp = -C \left(\frac{G}{F}\right)^n \frac{RT}{p}\, dl \ldots \ldots \ldots \quad (22\,\mathrm{a})$$

ausgedrückt werden.

In Gl. (33a) darf dE gegen dE_w im allgemeinen vernachlässigt werden.

Wird in Gl. (33) der Wert für dQ eingeführt, so erhält man:

$$\frac{c_p}{T - T_w}\, dT = \left[\frac{\alpha D \pi}{3600\, G} - \frac{AC}{g}\frac{w^2}{RT}\left(\frac{G}{F}\right)^{n-2}\frac{1}{T - T_w}\right] dl \ldots \ldots \quad (34),$$

wobei das zweite Glied auf der rechten Seite der Gleichung für die praktisch in Frage kommenden Fälle verschwindet.

Damit ergibt sich endlich die Beziehung, die Gröber für seine Versuche mit Luft zugrunde legt:

$$\frac{c_p}{T - T_m} = \frac{\alpha D \pi}{3600\, G}\, dl \ldots \ldots \ldots \quad (34\,\mathrm{a}),$$

bezw. mit

$$G = \frac{D_2 \pi}{4}\, w\varrho \ldots \ldots \ldots \quad (35).$$

$$\alpha = 900\, D\, c_p\, \varrho\, \frac{w}{T_G - T_w}\frac{dT_G}{dl} \ldots \ldots \ldots \quad (34\,\mathrm{b}),$$

wo T_G die absolute Lufttemperatur und T_w die absolute Wandtemperatur ist

Die Versuche führen endlich zu.

$$\alpha = \left(3,81 + \frac{82,8}{t_L} - \frac{(273\, t_w)^2}{29\,100}\right)\frac{(w\varrho)^m}{D^{1-m}} \ldots \ldots \ldots \quad (36).$$

α ist die Wärmeübergangzahl WE/qm². °C. Std.,

t_L die Lufttemperatur in °C,

t_w die Rohrwandtemperatur in °C,

m hier 0,81,

ϱ das spezifische Gewicht der Luft in kg/cm³.

c) Neue Versuche mit Heißdampf.

1) Die Wärmebilanzgleichung.
2) Die Berechnungsgleichung.

1) Wir haben nunmehr die allmähliche Entwicklung der Kenntnis von den Wärmeübergangsgesetzen im allgemeinen und den Wärmeübergangzahlen für kondensierenden Dampf und einige gasförmige Körper bis zum heutigen Stand der Frage verfolgt. Wir wenden uns jetzt der sich soweit wie möglich auf die früheren theoretischen und versuchstechnisch gestützten Untersuchungen anlehnenden Erforschung der Wärmeübergangsgrößen für Heißdampf zu.

Die Berechnung derselben geschah aus den ausgeglichenen Versuchzahlen nach folgenden Gesichtspunkten:

Zu der von Gröber streng mathematisch abgeleiteten Berechnungsgleichung

$$\frac{c_p}{T - T_w}\, dT = \frac{a\, D\, \pi}{3600}\, dl \quad\text{.......}\quad (34\,\text{a})$$

gelangen wir in einfacher Weise auch dadurch, daß wir die nachweislich erlaubten Vernachlässigungen schon zu Anfang der Ableitungen machen. Es ist ja nach Bestimmung der spezifischen Wärme bei unveränderlichem Druck c_p

$$c_p\, dT = di \quad\text{..........}\quad (35),$$

wo di die Aenderung des Wärmeinhalts der Masseneinheit bedeutet. In die Form:

$$c_p\, dT = \frac{a\, D\, \pi}{3600}\,[T - T_W]\, dl = di \quad\text{......}\quad (34\,\text{b})$$

gebracht, sagt die Gleichung nur noch aus, daß die ganze zugeführte Wärmemenge zur Erhöhung der inneren Wärme i dient, während die kinetische Energie durch Erwärmung des Gasstromes infolge der Wärmezufuhr oder der Reibung nur unwesentlich geändert wird, also

$$di \approx dQ \quad\text{..........}\quad (38).$$

2) In diesem Sinne ist die folgende Berechnungsgleichung aufgestellt worden. Eine weitere Vereinfachung wurde dabei durch Ersetzung der Längenelemente durch endliche Strecken des Rohres gemacht, deren Zustand am Anfang und Ende jeweils betrachtet wurde.

Der Wärmeinhalt des Dampfes i bei einer Stelle I des Rohres ist

$$i_1 = 594{,}735 + 0{,}477\, t_{D1} - J_1 p_1 \quad\text{........}\quad (39)$$

(nach Mollier [1]).

An einer andern Stelle II ist der Wärmeinhalt:

$$i_2 = 594{,}735 + 0{,}477\, t_{D2} - J_2 p_2 \quad\text{......}\quad (39\,\text{a}).$$

Es sind darin

t_{D1} und t_{D2} die Dampftemperaturen bei I und II beim Druck p_1 und p_2 an diesen Stellen,

J_1 und J_2 Temperaturfunktionen, deren Zahlenwerte aus den Dampftabellen entnommen werden können.

Der Unterschied $i_1 - i_2$ ist entsprechend $di \approx dQ$ die auf dem Rohrstück I und II zugeführte oder abgeführte Wärmemenge:

$$i_1 - i_2 = 0{,}477\, (t_{D1} - t_{D2}) - (J_1 p_1 - J_2 p_2) \quad\text{.....}\quad (40)$$

oder
$$\Delta i = 0{,}477\, \Delta t_D - \Delta(Jp) \quad\text{......}\quad (40\,\text{a}).$$

---

[1] Mollier, Neue Tabellen und Diagramme für Wasserdampf. Lit.-Nachw. Nr. 43.

Bei der Ausrechnung wurde noch $p_1 \approx p_2$ gesetzt, da die Druckänderung in einem verhältnismäßig kurzen weiten Rohre gegen die Temperaturänderung daselbst im allgemeinen vernachlässigt werden kann.

Die Versuche wurden in der Weise unternommen, daß der strömende Dampf einen Teil seiner Wärme an die Wand hin abgab. Auf F qm innerer Rohroberfläche gehen von 1 kg Dampf also Δi Wärmeeinheiten stündlich über, wobei der Temperaturunterschied $(t_D - t_w)^0$ beträgt.

Durchströmen also G kg stündlich die Leitung, so entfallen auf 1 qm bei 1^0 Temperaturunterschied

$$\frac{\Delta i\, G}{\Delta t_m\, F}\ \text{Wärmeeinheiten.}$$

Diese Größe stellt die Wärmeübergangzahl α dar. Es ist also:

$$\alpha = \frac{[0{,}477\,\Delta t_D - \Delta (Jp)]\,G}{\Delta t_m\,F} \quad \dots \quad (41).$$

Mit diesem Ausdruck ließen sich die Versuche des Verfassers auswerten, nachdem die vorkommenden Größen durch Messung und Rechnung einzeln festgestellt waren.

Um die Auswertung zu vereinfachen, wurde die spezifische Wärme des überhitzten Dampfes in die Rechnungsgleichung eingeführt und unmittelbar aus den c_p-Tabellen[1]) entnommen.

Es ist

$$c_p\, dt\, G = dQ = di\, G \quad \dots \quad (42)$$

und angenähert

$$\Delta i = c_p\, \Delta t_D,$$

womit Gl. (41) die Gestalt annimmt:

$$\alpha = \frac{c_p\, \Delta t_D\, G}{\Delta t_m\, F} \left[\frac{\text{WE}}{\text{Std}\cdot {}^0\text{C}\cdot \text{m}^2}\right] \quad \dots \quad (43).$$

III. Die Versuchsanlage.

a) Ihre Bedingungen.

Die Gl. (43) zeigt, welche Größen mit der einzurichtenden Versuchsanlage zu ermitteln und zu verändern sein müssen. Dies sind:

a) Die mittlere Temperatur des Dampfes für jeden Querschnitt der Rohrlänge (t_D),

b) Die Temperatur der Rohrwand an jeder Stelle (t_w),

c) Das stündlich die Leitung durchströmende Dampfgewicht (G) oder die mittlere Dampfgeschwindigkeit (w),

d) Der Dampfdruck (p),

e) Die Abmessungen des Versuchsrohres (d, L).

Ferner muß besonders dafür gesorgt sein, daß der untersuchte Dampfstrom während der Dauer eines Einzelversuchs nach Möglichkeit gleiche thermische und dynamische Beschaffenheit beibehalte; das stündlich durchströmende Dampfgewicht und die stündlich zu erzeugende Wärmemenge müssen also stets gleich sein.

---

[1]) **Knoblauch-Mollier, Die spezifische Wärme des überhitzten Wasserdampfes für Drücke von 2 bis 8 kg/qcm und Temperaturen von 350 bis 550⁰ C. Lit.-Nachw. Nr. 31.**

b) Die Anlage.

Die große Anzahl von einzelnen Versuchen, die durch die zahlreichen Veränderlichen vorgeschrieben war — es wurden nahezu 200 Versuche gemacht —, ferner die nicht geringe Zeitdauer eines einzelnen Versuches selbst infolge der vielen nötigen Messungen, einschließlich der Anheizzeit der Vorrichtung, und endlich die verhältnismäßig bedeutenden stündlichen Dampfmengen, die nicht gut hätten aufgebracht werden können, erlaubten nicht die ständige Neuerzeugung und nachherige Kondensierung des Versuchsdampfes.

Man zog deshalb vor, eine Verbilligung des Betriebs durch eine gewisse Verteuerung der Versuchsanlage Abb. 7 zu erreichen. Das geschah dadurch, daß der einmal in den Apparat eingeleitete Dampf immer wieder zurück und nacherwärmt durch die Versuchstrecke von neuem durchgeleitet wurde.

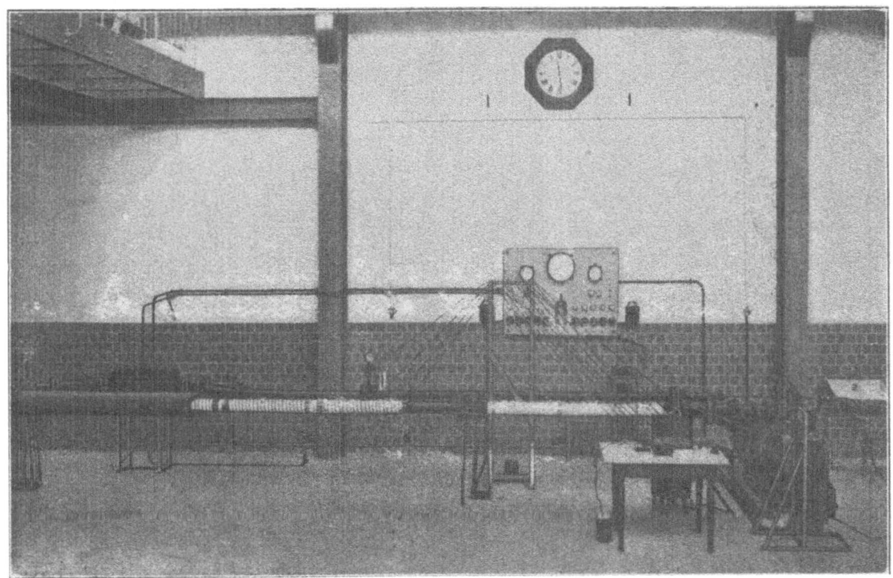

Abb. 7. Die Versuchsanlage.

Dies wurde durch ein zu diesem Zweck eigens gebautes Gebläse R erreicht. das in eine Ringleitung eingeschaltet war, vergl. Abb. 8 und Abb. 9 bis 11. In diese trat der vom Kessel K erzeugte Dampf vor Beginn des Versuchs hinter dem Gebläse bei L ein, getrocknet und mäßig überhitzt durch den gasgeheizten Vorüberhitzer $\ddot{U}'$. Die nun eingeschlossene Dampfmenge durchströmte dann bei H einen Dampfmesser und bei $\ddot{U}$ einen elektrisch geheizten Ueberhitzer. Bei

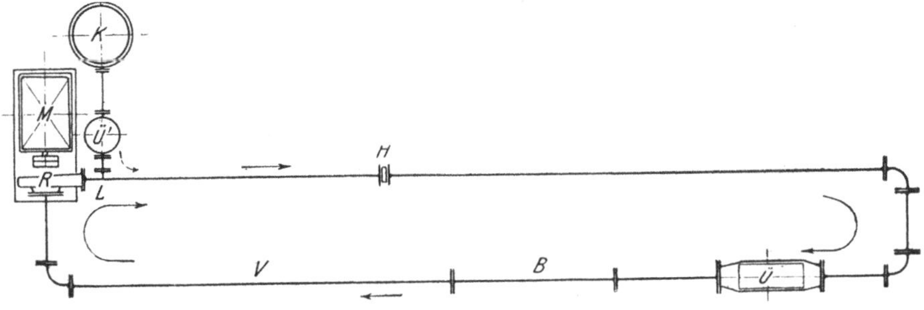

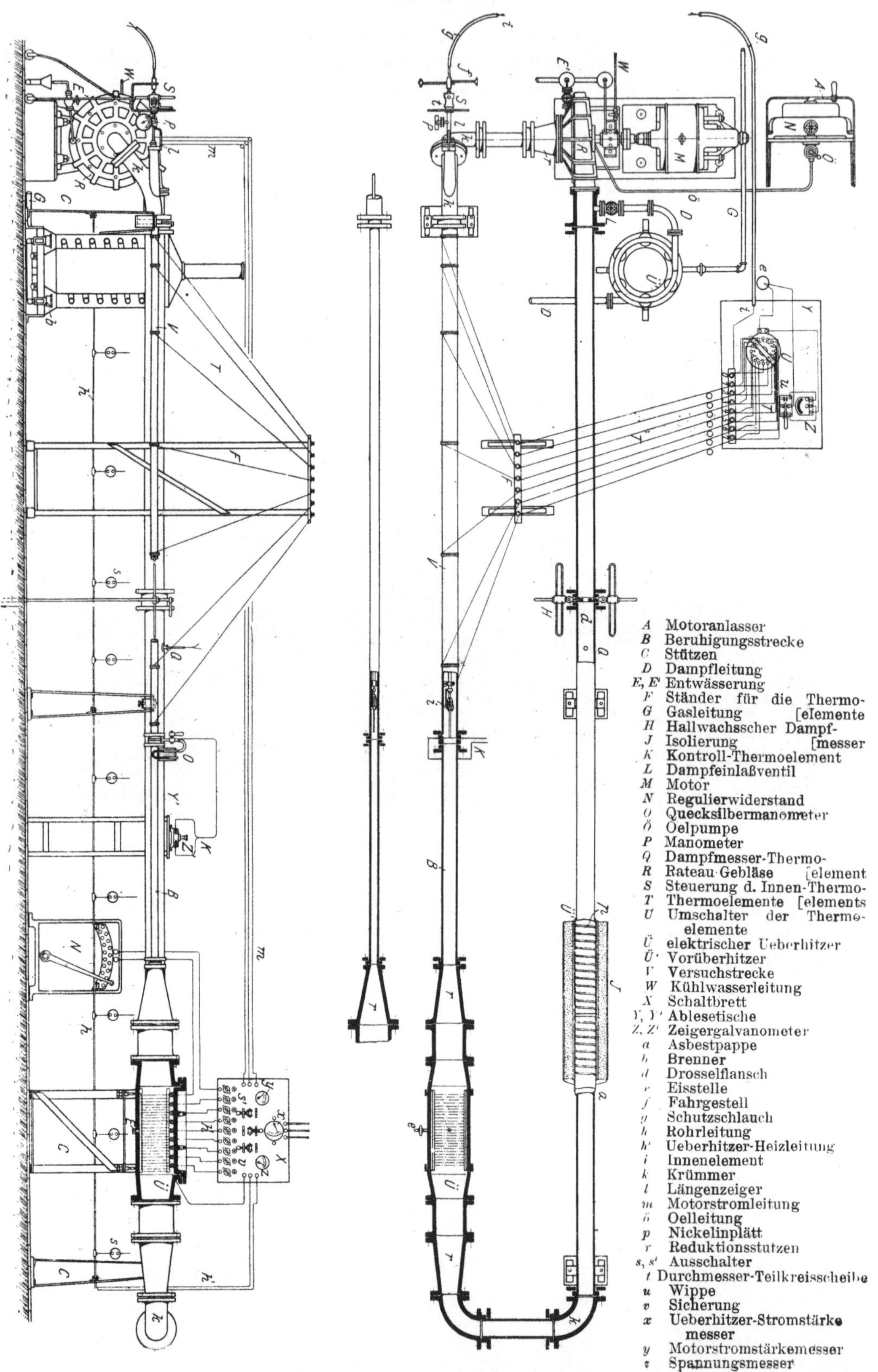

A Motoranlasser
B Beruhigungsstrecke
C Stützen
D Dampfleitung
E, E′ Entwässerung
F Ständer für die Thermo- [elemente
G Gasleitung
H Hallwachsscher Dampf- [messer
J Isolierung
K Kontroll-Thermoelement
L Dampfeinlaßventil
M Motor
N Regulierwiderstand
O Quecksilbermanometer
Ö Oelpumpe
P Manometer
Q Dampfmesser-Thermo- [element
R Rateau-Gebläse
S Steuerung d. Innen-Thermo- [elements
T Thermoelemente
U Umschalter der Thermo-
  elemente
Ü elektrischer Ueberhitzer
Ü′ Vorüberhitzer
V Versuchsstrecke
W Kühlwasserleitung
X Schaltbrett
Y, Y′ Ablesetische
Z, Z′ Zeigergalvanometer
a Asbestpappe
b Brenner
d Drosselflansch
e Eisstelle
f Fahrgestell
g Schutzschlauch
h Rohrleitung
h′ Ueberhitzer-Heizleitung
i Innenelement
k Krümmer
l Längenzeiger
m Motorstromleitung
ö Oelleitung
p Nickelinplätt
r Reduktionsstutzen
s, s′ Ausschalter
t Durchmesser-Teilkreisscheibe
u Wippe
v Sicherung
x Ueberhitzer-Stromstärke
  messer
y Motorstromstärkemesser
z Spannungsmesser

B lag die »Beruhigungsstrecke«, deren Zweck unten erläutert wird, und V war die eigentliche Versuchstrecke, hinter welcher der jetzt wieder abgekühlte Dampf das Gebläse von neuem betrat.

Die ganze Anlage war, wenn das unten erläuterte Innenthermoelement (ι in Abb. 9) sich in seiner äußersten Lage befand, 12 m lang und konnte vom Beobachterstandpunkte (Y in Abb. 9) aus übersehen (Instrumente) und vom Platze des Helfers (bei S in Abb. 9) aus bedient werden (Schaltung, Regelung, Schmierung).

c) Einzelheiten.

1) Der Dampfkessel.
2) Das Gebläse.
3) Die Rohrleitung, Unterstützung und Isolierung.
4) Die Ueberhitzer.
    α) **Der Vorüberhitzer.**
    β) **Der elektrische Ueberhitzer.**
    γ) **Die Nebenheizung.**
5) Die Beruhigungsstrecke.
6) Die Versuchstrecke.
7) Der Dampfmesser.
    α) **Die möglichen Bauarten.**
    β) **Die Grundlagen der Drosseldampfmesser.**
    γ) **Der verwendete Hallwachssche Dampfmesser.**
8) Die thermoelektrischen Meßgeräte.
9) Die Manometer.

1) Der Druck im kleinen Laboratoriumsdampfkessel[1]) (rd. 5 qm Heizfläche, bis 20 at) ließ sich durch absetzende Speisung mittels einer elektrisch betriebenen Pumpe und durch Veränderung der zur Heizung dienenden Leuchtgasmenge leicht regeln. Zur Speisung wurde im allgemeinen destilliertes Wasser verwandt. Bei einer Reihe von Versuchen war die Vorrichtung auch an die Dampfzentrale der Technischen Hochschule oder an den großen mit Leuchtgas- und Oelfeuerung betriebenen Laboratoriumskessel[2]) (rd. 25 qm Heizfläche, bis 30 at) angeschlossen. In diesen Fällen konnte die Regelung des Druckes nicht mehr am Kessel selbst geschehen, ließ sich jedoch nach einiger Uebung an der Versuchseinrichtung selbst durchführen in der Weise, daß immer eine geringe Frischdampfmenge der Versuchsleitung zuströmte und diese bei einem Entwässerungshahn (E in Abb. 9) gleichzeitig mehr oder weniger gegen die Außenluft hin geöffnet blieb.

2) Das Turbogebläse (R), System KKK-Rateau[3]), war mit einem seiner Drehzahl nach stark veränderlichen Gleichstrom-Nebenschlußmotor, Abb. 12, (für 20 PS bei 220 V) (M) gekuppelt. Es lieferte ohne Ueberbelastung bei 2400 bis 3500 Uml./min 20 cbm und wurde bei geringen Dampfgeschwindigkeiten mit 110 V betrieben. Das Gehäuse war mit Rücksicht auf die beträchtlichen Dampfdrücke besonders starkwandig ausgeführt und mit kräftigen Rippen versteift. Die den Dampftemperaturen ausgesetzte Welle wurde bei dem Hauptlager durch Wasserkühlung und doppelte Ringschmierung vor unzulässiger Er-

---

[1]) Für die c_p-Versuche dem Laboratorium früher geschenkweise überlassen von der Firma Gebr. Sulzer in Winterthur.

[2]) Babcock-Wilcox-Kessel von der Firma Maffei in München.

[3]) Von Kühnle, Kopp & Kausch, A.-G. in Frankenthal.

wärmung geschützt. Die Stopfbüchsenschmierung mußte sorgfältig überwacht werden, da der innere Ueberdruck das Schmiermittel herauszupressen suchte. Durch eine Mollerup-Pumpe (bei $\ddot{O}$, Abb. 9) wurde das Oel nach Bedarf vorsichtig nachgedrückt, so daß es in die Leitung selbst nicht eindringen und deren Oberfläche verunreinigen konnte. Da die eigentliche Versuchstrecke V soweit wie möglich von dem geschmierten Gebläse entfernt war, war sie be-

Abb. 12.

sonders gut vor Verunreinigung durch das Schmieröl geschützt, sie wurde außerdem von Zeit zu Zeit auf Reinheit untersucht und gelegentlich mit einem benzingetränkten Wattebausch gereinigt. Einen weiteren Schutz vor gelegentlich mitgerissenen Oeltröpfchen bildete das vorgeschaltete unten beschriebene glühende Heizgitter des elektrischen Ueberhitzers.

3) Die Rohrleitung[1]) bestand aus nahtlos gewalzten Mannesmannrohren von 127 mm äußerem Durchmesser und rd. 4 mm Wandstärke. Die einzelnen Stücke griffen beim angeschweißten Bund mit Nut und Feder in einander und waren durch Ringe aus Klingerit oder Metzlerit abgedichtet. Die Krümmer und Reduktionsstücke bestanden aus Gußeisen.

Die Abstützung der ganzen Leitung war so eingerichtet, daß sie sich in handlicher Höhe befand und sich bei Erwärmung nach der einen Seite hin frei ausdehnen konnte. Ferner war durch Auflagerung der Rohre auf zugespitzte nachstellbare Schrauben dafür gesorgt, daß die Stützen C möglichst wenig Wärme abführten. In gleicher Weise war der elektrische Ueberhitzer U abgestützt.

Die ganze Anlage besaß ferner einen wirksamen Wärmeschutz durch eine nur die Beruhigungs- und Versuchstrecke freilassende rd. 6 cm starke Isolierung aus Diatomitschalen und -platten und aus Grünzweigscher E-Masse[2]).

---

[1]) Zum Teil von der Firma Mannesmannröhrenwerke Düsseldorf in dankenswerter Weise kostenlos überlassen.

[2]) Die vollständige Isolierung wurde von der Firma Grünzweig & Hartmann in Ludwigshafen a. Rh. in dankenswerter Weise kostenlos überlassen und aufgebracht.

Während der Anheizzeit bildete sich in der Versuchsvorrichtung Kondensat, zu dessen Ableitung zwei Entwässerungshähne so angebracht waren, daß sie möglichst günstig wirken konnte. Der eine E' befand sich an der tiefsten Stelle des Gebläses, welches das ankommende Wasser immer nach außen schleuderte, der andere E am Grunde des elektrischen Ueberhitzers, dessen Gitterwerk die Tropfen auffing und nach unten ableitete oder verdampfte. Da dieser Ueberhitzer auch eine Querschnittserweiterung darstellte, so wurde sein Nebenzweck, als Entwässerungseinrichtung zu dienen, infolge der hier verringerten Dampfgeschwindigkeit um so besser erfüllt.

4α) Die Trocknung und Ueberhitzung des Dampfes besorgten die zwei Ueberhitzer und eine Nebenheizung. Der eine $\ddot{U}'$ bestand aus einer Rohrschlange, die zwischen zwei Blechwänden eingeschlossen war. Sie wurde durch Gasflammen von großen Bunsenbrennern geheizt. Während des Versuches war die Verbindung zwischen diesem Ueberhitzer und der eigentlichen Versuchsvorrichtung im allgemeinen abgeschlossen, und die Rohrschlange hatte dann nur den Zweck, eine gewisse überhitzte oder doch trocken gesättigte Dampfmenge bereit zu halten für den Fall, daß durch irgend welche Undichtigkeiten (Stopfbüchsen, Flanschen) ein Teil des eingeschlossenen Dampfes verloren ging, anderseits auch zur Ersetzung der Dampfmenge, um die der Rohrraum sich vergrößerte, wenn der lange Stiel des unten beschriebenen Innen-Thermoelements herausgezogen wurde. Wäre nämlich in einem dieser beiden Fälle eine geringe Menge des Kondensats, welches der stagnierende Dampf in der Verbindungsleitung vom Dampfkessel zur Versuchsvorrichtung bilden konnte, in die Rohrleitung getreten, so wäre sofort die Temperatur und auch der Druck in der Leitung gesunken, und der Dauerzustand wäre gestört worden.

β) Der elektrische Ueberhitzer $\ddot{U}$ hatte die größte Aufmerksamkeit erfordert, da er eine größere Anzahl von Bedingungen zu erfüllen hatte. Er mußte genügend groß und, da seine Wände eben waren, auch genügend widerstandsfähig gegen den Dampfdruck sein. Er sollte den Dampf möglichst gründlich durchmischen und heizen, dabei jedoch der Strömung den geringsten Widerstand entgegensetzen. Die Temperatur der Heizkörper mußte möglichst hoch gehalten werden, doch mußten diese wieder vor Verbrennung und Kurzschluß durch gegenseitige Berührung infolge Längens bei Erwärmung oder einseitigen Dampfdruckes geschützt sein. Die Stopfbüchsen der Zuleitungsdrähte zu den Heizkörpern mußten nicht nur dampfdicht halten, sondern auch elektrisch isolieren. Endlich mußte der Ueberhitzer in weiten Grenzen regelbar sein und Wärmeverluste möglichst vermeiden.

Abb. 13 läßt die Einzelheiten der Anordnung ersehen.

Ein starkwandiger gußeiserner Trog, mit einem durch Rippen verstärkten Deckel d dampfdicht verschließbar, ist mittels angegossener Reduktionsstücke n die Ringleitung eingefügt. Der Deckel ist mit Abdruckschrauben versehen und leicht abnehmbar.

Im Innern hängen, in Nuten von Fassoneisenstäben eingesetzt, die neun einzelnen Ueberhitzerelemente. Sie bestanden je aus drei Rähmchen e, über die Bänder aus Nickelinplätt p gespannt waren. Ein Rähmchen wurde durch zwei Flachstäbchen und zwei Rundstäbchen gebildet; über letztere waren gewöhnliche Isolationsknöpfe k aus Porzellan geschoben, welche die Plättstreifen aufnahmen. Jedes Rähmchen enthielt noch ein oder zwei Zwischenstäbchen in einem Schutzrohr aus Hartglas, an welches mittels Asbestfäden die Plättstreifen festgebunden waren, um das Längen derselben bei hoher Temperatur gefahrlos zu machen. Die Rähmchen waren so eingesetzt, daß immer die Bänder des folgenden kreuzseitig zu denen des vorhergehenden standen. Es wurde auf diese Weise ein dichtmaschiges Netz erzeugt, das zur Herstellung eines vollkommen gleichartig strömenden und gleichmäßig überhitzten Dampfstromes diente.

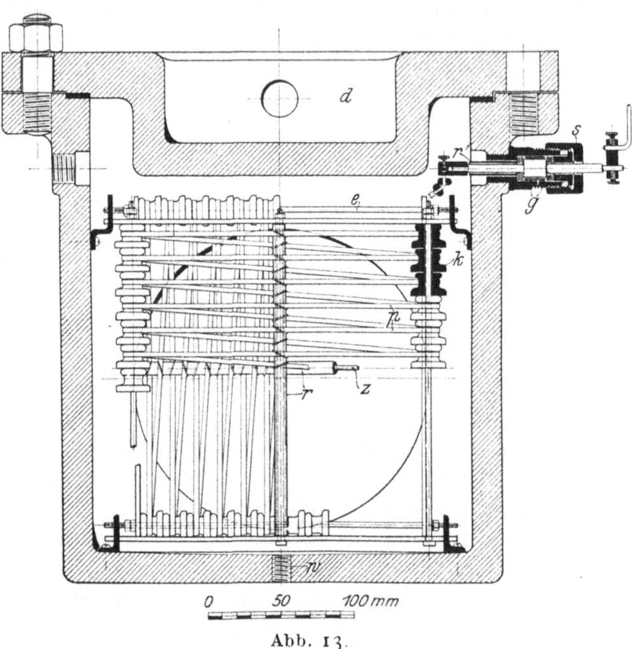

Abb. 13.

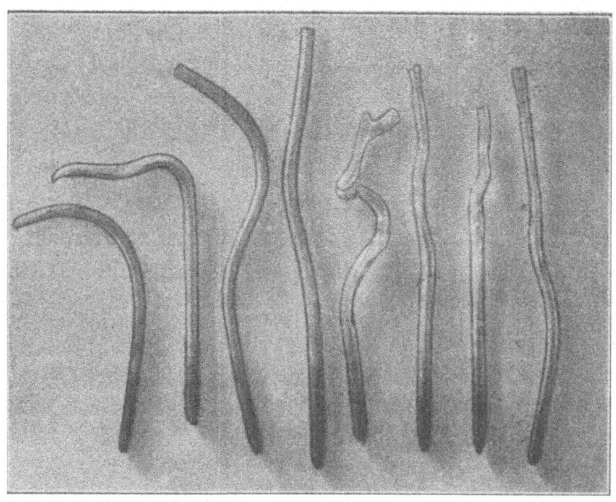

Abb. 14.

Jedes Heizelement zu drei Rähmchen war einzeln herausnehmbar, was Ausbesserungen erleichterte. Die zu den Stopfbüchsen s führenden Drahtenden des Plätts waren hart an die Stopfbüchsenspindel angelötet und durch Glasperlen vor Kurzschluß geschützt. Die Spindel selbst war in Glas und Glimmer g gebettet.

Es war ursprünglich der Versuch gemacht worden, die Rähmchen aus emaillierten, mit Kerben für das Plätt versehenen Eisenröhrchen zu bilden.

Da bei diesen gelegentlich an manchen Stellen jedoch die abspringende Schmelzschicht zu Kurzschlüssen führte, wurde von ihrer dauernden Verwendung abgesehen und zu Porzellan und Hartglas übergegangen.

Letzteres bewährte sich vollkommen und selbst, wenn es sich bei hohen Temperaturen zuweilen stark verbog, s. Abb. 14, konnte der Betrieb meist weitergeführt werden.

Um unerträgliche Temperaturen des Plätts zu vermeiden, durfte der Strom nur eingeschaltet werden, wenn. es durch das laufende Gebläse genügend gekühlt war.

Die Nickelinplättstreifen[1]) waren etwa 3 mm breit und 0,2 mm dick und besaßen etwa 0,9 Ohm/m Widerstand. Mehrere Heizelemente waren doppelt

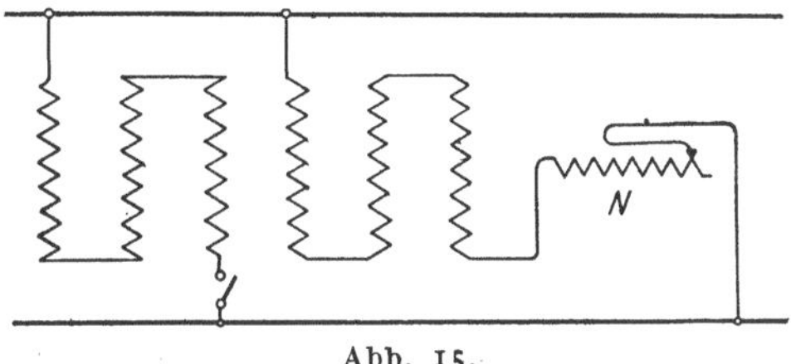

Abb. 15.

gewickelt, so daß sie bei 110 V Spannung etwa 25 Amp, die andern etwa 12,5 Amp durchließen. In den ersten Stunden eines Versuchstages durchströmten etwa 100 Amp den Ueberhitzer, was einer Heizleistung von 11 KW gleichkommt. Im Laufe des Tages ließ sich die Leistung bei sonst ähnlichen Verhältnissen mit zunehmender Erwärmung der ganzen Versuchvorrichtung wesentlich vermindern.

Zum Einstellen einer bestimmten Dampftemperatur konnte die Heizung einmal vom Schaltbrett X in Abb. 9 aus durch Ein- oder Ausschalten ganzer Heizelemente, und dann mittels eines Regulierwiderstandes N, der dem letzten Heizelement vorgeschaltet war, Abb. 15, geregelt werden.

Der Querschnitt der Plättstreifen war durch Biegen zur Richtung des ankommenden Dampfstromes in einen bestimmten Winkel gebracht, Abb. 16,

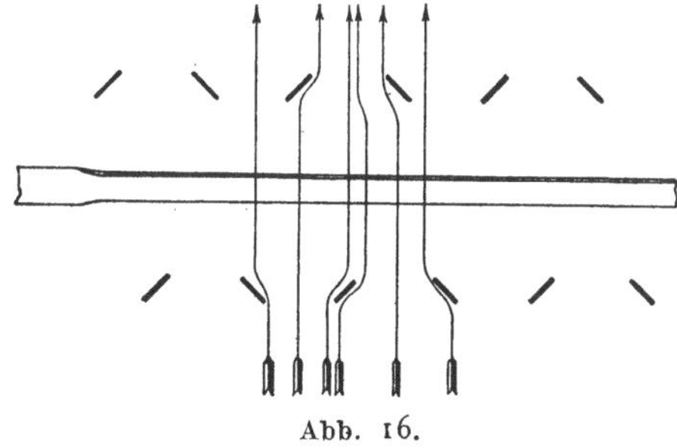

Abb. 16.

um bei bestmöglicher Abführung der Jouleschen Wärme und Mischung der Stromfäden dem Dampf den kleinstmöglichen Widerstand zu bieten. Der Anschluß der Leitungsdrähte innerhalb und außerhalb des Ueberhitzertroges geschah durch leicht lösbare Klemmschrauben.

Eine Gefahr für die Stopfbüchsen bot besonders während der Anheizzeit unter dem Dampfdruck eindringendes und durch Rost verunreinigtes Kondenswasser. Deshalb mußte man jedesmal, wenn die Vorrichtung einige Zeit

---

außer Betrieb war, die Luft im Innern und damit die Stopfbüchsen ohne inneren Ueberdruck über die dem Sättigungspunkte des nachher zugelassenen Dampfes entsprechende Temperatur bringen, um die Stopfbüchsen auszutrocknen. Am Ende des Versuchstages war deren Temperatur jeweils über 100°, sodaß nach Abblasen des Dampfes hier die Trocknung von selbst eintrat.

γ) Bei aller Vorsicht blieb der hochbeanspruchte elektrische Ueberhitzer ein empfindlicher Teil der Anlage. Er wurde deshalb mit gutem Erfolg dadurch zu entlasten gesucht, daß man auf die Rohrstrecke vom Dampfeinlaß bis fast zum Ueberhitzer hin eine elektrische Nebenheizung $\ddot{U}$ anbrachte. Die Rohre wurden mit einer Lage von Asbestpapier a, Abb. 9, umhüllt und darauf das Heizplätt in fünf Längen von je etwa 8 Ohm gewickelt. Darauf kam dann eine weitere Asbestschicht und die Isolierung aus gebrannten Kieselgurschalen zu liegen. Die einzelnen Stücke waren ausschaltbar s und gewährleisteten eine gleichmäßige, weil ziemlich träge Vorerwärmung der Vorrichtung und des Dampfes.

5) Im elektrischen Ueberhitzer war dem Dampf eine gleichmäßige Temperaturverteilung über den Leitungsquerschnitt aufgezwungen worden. Aus später zu erläuternden Gründen ist bei dieser Vorbedingung der Wärmeübergang an das kühlere Versuchsrohr theoretisch »unendlich hoch«. Er bleibt auch praktisch noch auf eine gewisse Strecke über seinem »annähernd konstanten Wert«. Erst nach einer bestimmten Rohrlänge ist dieser erreicht, nachdem sich die Temperaturverteilung im Rohrquerschnitt in bestimmter Weise eingestellt hat. Wir beginnen unsere Messungen erst in der Nähe dieses Gebietes, benötigen also noch eine gewisse Strecke zum Ausgleich der radialen Temperaturverteilung, die »Beruhigungsstrecke« B. Durch stärkere oder schwächere Isolierung dieser Strecke können wir die Temperaturverteilung beim Eintritt in die Versuchstrecke beeinflussen. Um den Uebergang von der gleichmäßigen zur gleichbleibenden Temperaturverteilung beobachten zu können, wurde bei einer Reihe von Versuchen auch die Beruhigungsstrecke mit Heizplätt umwickelt und so angewärmt, daß sich die gleichmäßige Verteilung bis zum Anfang der Versuchstrecke hin erhalten konnte.

Die störenden Wärmeausstrahlungen der Flansche konnten jeweils durch entsprechendes Bewickeln mit Asbestzöpfen aufgehoben werden.

6) Die 3,5 m langen Versuchsrohre V waren gewöhnliche nahtlose Mannesmannrohre von 95,7 und 39,4 mm innerem und 108 und 45 mm äußerem Dmr. Der mittlere innere Durchmesser wurde durch Auffüllen mit Wasser und Wägen genau festgestellt.

Während an dem ersten verhältnismäßig weiten Rohr besonders die radiale Temperaturverteilung erforscht werden konnte, gestattete das engere eine bequeme Beobachtung der mittleren Temperaturen nach der Rohrlänge. Die innere Rohroberfläche blieb vollständig in ihrem natürlichen Zustand, die äußere war meist durch Asbestpapier schwach isoliert.

Dem Aussehen nach besaßen beide Rohre etwa dieselbe absolute Rauhigkeit, das engere demnach die größere relative Rauhigkeit.

7) α) Eine absolut zuverlässige Dampfmengenmessung kann nur mittelbar durch Messen des Kesselspeisewassers oder des Kondensats und aller Verluste auf dem Wege des Dampfes erreicht werden. Wegen der Natur der Anlage schied dieses Verfahren hier aus. Man war vielmehr gezwungen, sich eines genau geeichten Dampfmessers zu bedienen.

Die unmittelbare Dampfmengenmessung beruht auf einem der drei Bauarten:

    1) motorische Dampfmesser,
    2) Schwimmerdampfmesser,
    3) Drosseldampfmesser.

Da der Dampf ein zusammendrückbarer Körper ist, so wirkt kein Dampfmeßgerät vollkommen zwangläufig, wie etwa einzelne Wassermesser; es ist demnach immer eine gewisse Schwierigkeit der Anordnung zu erwarten, mindestens wegen der veränderlichen Zustandsgrößen des Dampfes jeweils eine rechnerische Berichtigung der Ablesungen an einfacheren Messern nötig.

Es liegt auf der Hand, daß ein motorischer Dampfmesser mit der Zeit bei den hohen Temperaturen und Drehzahlen mechanischen Veränderungen in seinen Lagern oder auf seinem Flügelrad ausgesetzt ist. Dies ist der Grund, daß die Angaben schließlich unsicher werden und der Messer unbrauchbar wird.

Eine weit größere Rolle spielen die Schwimmerdampfmesser. Bei diesen strömt der Dampfstrom durch ein verjüngtes Stück, in dem verschieblich ein Widerstand, der »Schwimmer«, eingebaut ist. Die größere Dampfmenge erfordert den größeren Leitungsquerschnitt und bringt den Schwimmer in die Lage, die dem Gleichgewichtzustand bei einem Druck p_1 vor und p_2 hinter dem Schwimmer entspricht. Es ist allgemein bei gleichbleibender Dichte und Feuchtigkeit

$$G = C' F \sqrt{p_1 - p_2} \ [\text{kg/st}] \ . \ . \ . \ . \ . \ . \ . \ . \ (44).$$

d. h. die durchgehende Dampfmenge G ist dem Querschnitt F und der Wurzel aus dem Druckunterschied proportional (C'). Die Auswertung des Wurzelausdruckes ist Aufgabe des Apparataufbaues oder wird praktisch nach Zahlentafeln vorgenommen. Ist ein Schreibzeug vorhanden, so muß es die auf der Zeit als Abszisse aufgetragene Ordinate der Dampfmenge unmittelbar proportional aufzeichnen, damit die Fläche planimetrierbar wird.

Gegen die motorischen Meßgeräte bilden die Schwimmerdampfmesser eine wesentliche Verbesserung. Sie enthalten jedoch ebenfalls Teile, die durch Stopfbüchsen gehen und eine ziemlich umständliche Schreibvorrichtung. Besonders aber wird die Richtigkeit der Angaben durch Wechsel der Dampffeuchtigkeit gefährdet. Endlich ist bei stark veränderlichen Dampfmengen der Meßbereich leicht zu klein.

β) Der bei unserer Versuchsanordnung verwendete Dampfmesser H, Abb. 9, beruhte auf dem Drosselprinzip. Die Drosseldampfmesser zeichnen sich durch verhältnismäßig leichte Anbringung und hohe Betriebsicherheit aus. In den vollen Leitungsquerschnitt ist an passender Stelle ein Drosselflansch eingesetzt, d. h. eine Verengung geschaffen, die einen kleinen Druckabfall erzeugt. Dieser ändert sich mit dem spezifischen Volumen und der Dampfgeschwindigkeit und kann somit als Maß für die stündliche Dampfmenge dienen, nachdem man den Drosselflansch in diesem Sinne geeicht hat.

Für die Abhängigkeit des G von $\Delta p = p_1 - p_2$ sind die Beziehungen maßgeblich, welche die Thermodynamik für den Ausfluß unter stetsgleichem Druck bei kleinen Druckunterschieden aufgestellt hat. Im folgenden sollen sie kurz zusammengefaßt werden. Es bedeute:

    H die Strömungsenergie oder die kinetische Energie der Gewichtseinheit in der Mündung,
    w die erlangte Geschwindigkeit und
    g die Erdbeschleunigung; dann ist

$$H = \frac{w^2}{2\,g} \quad \cdots \cdots \cdots \cdots \quad (45).$$

Nach Zeuner[1]) ist allgemein

$$w = \sqrt{\frac{2\,g\,\varkappa}{\varkappa - 1}\,p_1 v_1 \left[1 - \left(\frac{p_2}{p_1}\right)^{\frac{n-1}{n}}\right]} \quad \cdots \cdots \quad (46).$$

v ist das spezifische Volumen,
$\varkappa$ der Exponent der Polytrope ($p\,v^{\varkappa} = $ konst),
n der Ausflußexponent.

Ist nun $p_1 - p_2$ klein, wie bei unserer Drosselstelle, dann kann man setzen

$$\left(\frac{p_2}{p_1}\right)^{\frac{n-1}{n}} = \left(1 - \frac{p_1\,p_2}{p_1}\right)^{\frac{n-1}{n}} = 1 - \left(\frac{n-1}{n}\right)\left(\frac{p_1 - p_2}{p_1}\right) \quad \cdots \cdots \quad (47),$$

und es wird aus Gl. (45) mit Gl. (46):

$$\frac{w^2}{2\,g} = \frac{\varkappa}{\varkappa - 1}\,p_1 v_1 \left[1 - 1 + \frac{n-1}{n}\left(\frac{p_1 - p_2}{p_1}\right)\right] \quad \cdots \cdots \quad (47\,\mathrm{a}),$$

daraus

$$w = \frac{G}{F} = \sqrt{2\,g\,\frac{\varkappa\,(n-1)}{n\,(\varkappa - 1)}\,v_1\,(p_1 - p_2)} \quad \cdots \cdots \quad (47\,\mathrm{b})$$

oder

$$G = F\,\sqrt{2\,g\,\frac{\varkappa\,(n-1)}{n\,(\varkappa - 1)}}\,\sqrt{v_1}\,\sqrt{p_1 - p_2} \quad \cdots \cdots \quad (47\,\mathrm{a}).$$

Abb. 17.

Abb. 18.

Gesetzt $\sqrt{2\,g\,\frac{\varkappa\,(n-1)}{n\,(\varkappa - 1)}} = C$ ergibt die für die Benutzung einer Drosselstelle als Dampfmeßgerät kennzeichnende Formel:

$$G = C\,F\,\sqrt{v_1}\,\sqrt{\varDelta p} \quad \cdots \cdots \cdots \quad (47\,\mathrm{d}).$$

γ) Bei unsern Versuchen wurde ein »Hallwachsscher nicht aufzeichnender Dampfmesser mit doppeltem Meßbereich[2])« verwendet, Abb. 17 und 18.

[1]) G. Zeuner, »Technische Thermodnamik I« S. 240. Lit.-Nachw. Nr. 62.
[2]) Von Hallwachs & Co., G. m. b. H., Saarbrücken.

Zwei Bohrungen übertragen den Dampfdruck zu jeder Seite des Flansches auf die Schenkel eines U-Rohres, Abb. 19. Der Druckunterschied wird durch den Quecksilberstand (Hg) angezeigt, die übrigen Teile sind mit Kondenswasser angefüllt. Eine »Wasservorlage« U in Gestalt von gebogenen, in eine wagerechte Ebene gelagerten Kupferröhrchen erhält bei Druckschwankungen beiderseits die stetsgleiche Höhe.

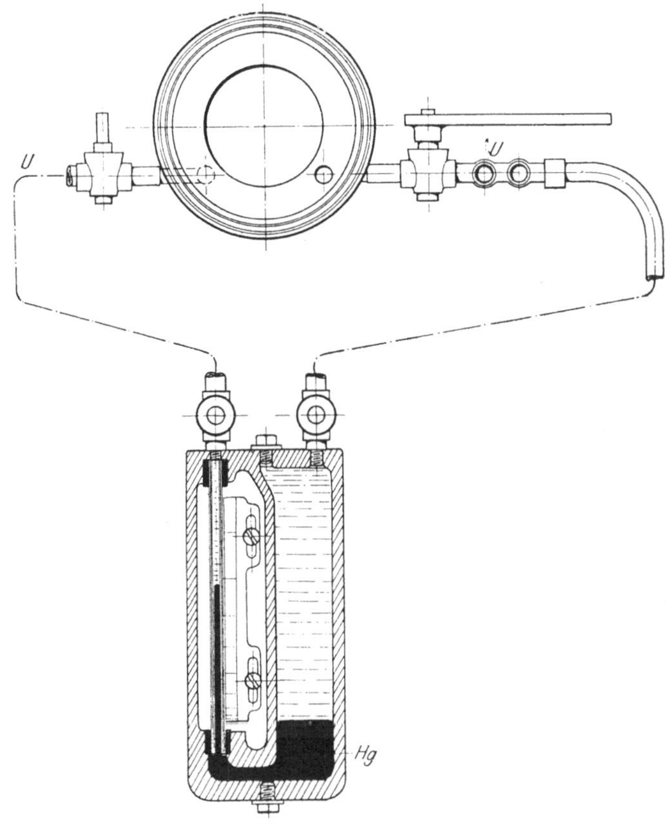

Abb 19.

Neben der Quecksilbersäule befindet sich eine Teilung, die der Konstanten C des Messers und der Proportionalität des durchströmenden Dampfgewichtes mit $\sqrt{\Delta p}$ (vergl. Gl. 47 d, S. 38) Rechnung trägt. Aus der Ablesung an der Quecksilbersäule erhält man mittels der nachstehenden Umrechnungen das stündliche Dampfgewicht.

Der Einfluß des Querschnittes F und des absoluten Dampfdruckes $p = f(v_1)$ wird durch eine jedem Drosselflansch von der liefernden Firma beigegebene Zahlentafel berücksichtigt.

Dieselbe gilt streng nur für trocken gesättigten Dampf; ist er aber überhitzt, so ist das spezifische Volumen größer, also sein spezifisches Gewicht kleiner als im Sättigungszustande. Die Quecksilbersäule zeigte also ein zu großes Gewicht an, und es war nötig, von den Angaben der Quecksilbersäule bei der Teilung einen gewissen Abzug zu machen. Zu diesem Zwecke war von der Firma ein Diagramm beigegeben, das diesen Abzug als Funktion der Ueberhitzung für verschiedene Druckstufen angab.

Die stündliche Dampfmenge war nun gegeben durch

$$G = A\,K_p - \frac{A\,X_{t,p}}{100} = A\,(K_p - 0{,}01\,X_{t,p}) \quad\ldots\ldots\quad (48),$$

worin

A die Ablesung an der Teilung,

K_p die Tafelkonstante für den Druck p und

$X_{t,p}$ die für t^0 C über der Sättigungstemperatur geltende Berichtigung in vH beim Druck p.

Die Teilung befand sich im Kellerraum des Laboratoriums und war mit dem Flansch durch Kupferrohre von 11 mm lichter Weite verbunden. Zu Beginn eines Versuchstages wurden diese und die Vorlage mit Wasser gefüllt und Luftperlen durch Klopfen entfernt.

Der damit verbundenen Umständlichkeit wegen wurde auf die Nacheichung der benutzten zwei Drosselscheiben verzichtet. Daß dies statthaft war, zeigt folgende Ueberlegung:

Nach Gl. (43), S. 28 ist

$$\alpha = C\,G \quad\ldots\ldots\ldots\quad (43\,\mathrm{a}).$$

Ferner ist

$$w = c\,G \quad\ldots\ldots\ldots\quad (49),$$

also beide Größen sind G proportional. Wäre ein falsches G, etwa G', gemessen worden, so würden α und w im gleichen Verhältnis $\dfrac{G'}{G}$ zu α' und w' verändert erscheinen und in die Kurve

$$\alpha = f(w)\ \text{für}\ p = \text{konst.}$$

wieder genau zusammen passen, falls diese eine Gerade wäre. Bei den in Frage kommenden geringen Fehlermöglichkeiten der Dampfmessung kann dies mit genügender Annäherung angenommen werden.

Die Abweichungen des α' von α, bezogen auf die Temperaturen, verschwinden ebenfalls in den hier betrachteten Fällen.

8) Die Temperaturmessungen geschahen überall thermoelektrisch. Das erste, die Temperatur des Dampfstromes messende Thermoelement befand sich im Rohrinnern etwa 0,5 m hinter dem Drosselflansch (bei Q der Abb. 9) und war dort unbeweglich angebracht, da man erstens an dieser übrigens auch genügend isolierten Stelle hinter dem Meßflansch gute Durchmischung der Stromfäden annehmen durfte und zweitens eine allzu große Genauigkeit hier keinen Sinn hatte, wo es sich doch nur um geringe Berichtigungsgrößen[1] für die Dampfmesserangaben handelte. — Von der Benutzung eines ursprünglich hier angebrachten ölgefüllten Rohres, in welchem sich das Quecksilberthermometer befand, wurde aber abgesehen. Dasselbe ist naturgemäß wesentlich träger als ein Thermoelement, was dann störend werden konnte, wenn das Eintreten von Feuchtigkeit in die Leitung (bei L in Abb. 9) von der hinter L eingebauten Thermometeranordnung nicht rechtzeitig gemeldet wurde. Auch können die Angaben unter den gegebenen Umständen überhaupt nicht so genau sein, wie die eines Thermoelementes; denn es ist zu bedenken, daß von der Rohrwand, welche von der Nebenheizung her gewöhnlich eine höhere Temperatur besaß als der Dampfstrom, Wärme durch die Wandungen des Oelrohres zum Oel übergeleitet werden kann. Da der Wärmeübergang Wand-Oel von höherer Größenordnung ist als der Wärmeübergang Wand-Heißdampf, so konnte das Oel recht wohl höhere Temperatur besitzen als der Dampf[2].

---

[1] Denn an dieser Stelle war der Dampf im allgemeinen nicht weit über seiner Sättigungstemperatur.

[2] Vergl. dazu auch Duchesne-Knoblauch und Jakob, Lit.-Nachw. Nr. 32

Der Bau des Thermoelementes, Abb. 20 und 21, geschah nach den von Nusselt[1]) und Gröber[2]) aufgestellten Bedingungen:

1) Der Kopf des Thermoelementes stand gegen den Dampfstrom gerichtet.
2) Die geringe Drahtstärke (0,6 mm) verhütete allzu große Wärmeableitung.
3) Ein Messingrohr schützte die Lötstelle vor bedeutenderer Strahlung.

Die Thermoelementdrähte führten durch isolierende Dichtungsscheiben d und mit Hartglasröhrchen gesichert durch den aufgeschraubten Stiel s nach außen.

Weiter sollte die Dampftemperatur an jeder Stelle der Versuchstrecke gemessen werden können. Da sie im allgemeinen in einem bestimmten Querschnitte an jedem Punkte eines Halbmessers anders ist, so hängte Carcanagues (1896) bei seinen Versuchen sein Thermometer bei jener Stelle des Halbmessers auf, an welcher die Temperatur angenähert gleich der berechneten Mitteltemperatur war. Dieses Verfahren ist einfach, aber, wie das Studium der Temperaturverteilung uns zeigt, auch ziemlich unsicher. Gröber benutzte für die gleiche Lufttemperaturmessung Thermoelemente, deren Lage in der Länge der Versuchstrecke unverändert blieb — ihr Stiel ging durch eine an der Wand festgeschraubte Führung —, während die Querverschiebung in dieser Führung erfolgen konnte.

Bei dieser Anordnung scheint die Gefahr gegeben, daß die Temperaturverteilung auf der Rohrwand durch die dort befestigten Stutzen ungleichmäßig wird. Auch wird durch die verhältnismäßig dicken Stielrohre eine Störung der Flüssigkeitsströmung bedingt sein, die hier möglichst vermieden werden sollte·

Nusselt verzichtete auf Einzelmessungen der Temperaturen im Rohrquerschnitt und ordnete ein längsverschiebliches Widerstandsthermometer in seinem Rohr an. Diese Meßvorrichtung hat den Vorzug, daß man die rechnerische Mittelwertbildung umgehen konnte.

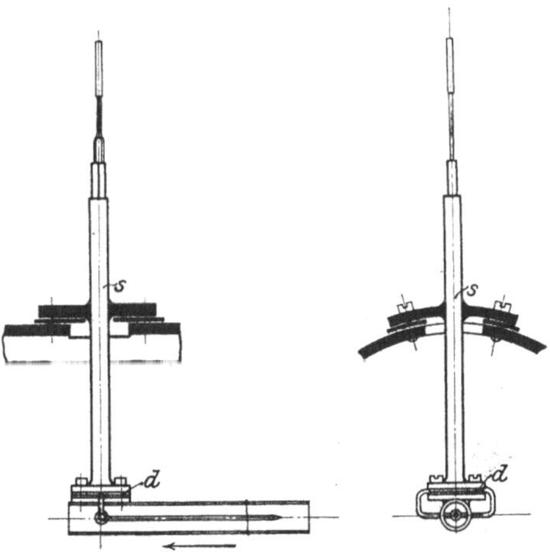

Abb. 20 und 21.

In dem bei uns angewandten Meßgerät, Abb. 22 bis 25, war die Längsverschieblichkeit mit der Möglichkeit der Messung an jedem Punkte des Durchmessers verbunden. Um in einer beliebigen Stellung der Länge den Durchmesser abzutasten, wurde durch eine Steuervorrichtung ein fingerartig bewegliches, rd. 15 cm langes Röhrchen aus blankem Nickel über den Durchmesser

[1]) Vergl. Lit.-Nachw. Nr. 46 S. 15 ff.
[2]) Vergl. Lit.-Nachw. Nr. 20 S. 8 ff.

hinbewegt. Dieses enthielt in seinem vorderen Ende den zu einer Spitze aus-
gefeilten Lötkopf des Thermoelementes und diente gleichzeitig als Strahlungs-
schutz[1]). Der eingeströmte Dampf verließ hinter der Lötstelle, J in Abb. 22,
durch einige Oeffnungen wieder das Röhrchen. Auf die ganze Länge des
»Fingers« und des Stieles waren die Thermoelemente durch Glasröhrchen oder
Glasperlen geschützt, außerhalb durch einen drahtumflochtenen Gummischlauch S.

Der Stiel bestand aus zwei ineinander geschobenen blank gezogenen Stahl-
rohren[2]). Das äußere wurde durch eine Stopfbüchse B'' in einer beliebigen Stel-

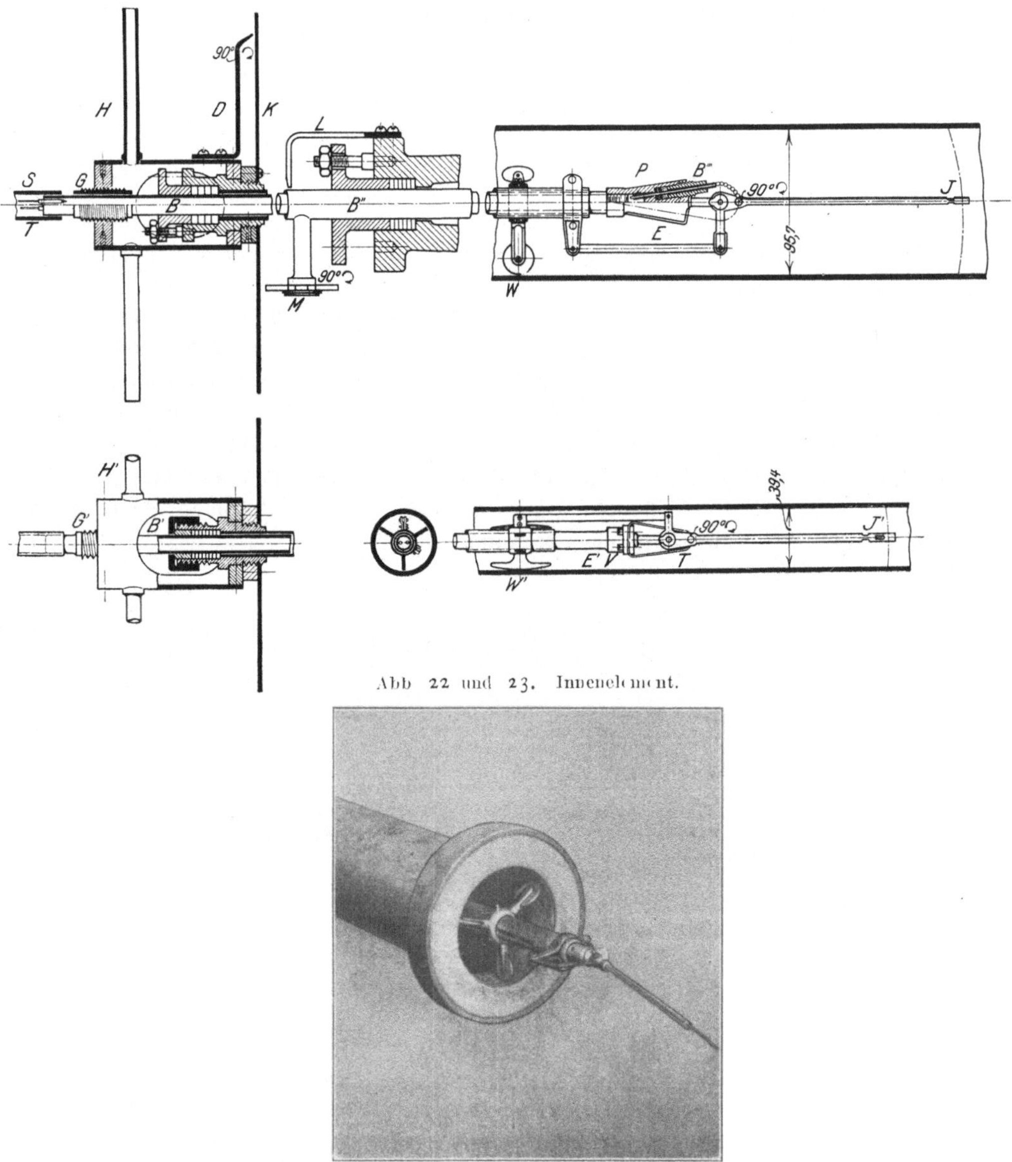

Abb. 22 und 23. Innenelement.

Abb. 24.

[1]) Nachweis seiner Zweckmäßigkeit s. Nusselt, Lit.-Nachw. Nr. 46 S. 14 ff.
[2]) Von den Mannesmannröhren-Werken, Düsseldorf, in dankenswerter Weise kostenlos überlassen.

lung festgeklemmt. Bestimmte Stellungen waren durch Marken auf dem Rohr und einem feststehenden Zeiger L gekennzeichnet — das innere Stahlrohr besaß eine kleine Längsverschieblichkeit gegen das äußere, zu bewerkstelligen durch eine Steuervorrichtung. Die drehende Bewegung der Handgriffe H wurde mittels eines fein geteilten Schraubengetriebes G in eine in Richtung der Längsachse des Rohres gehende verwandelt, diese endlich am inneren Stielende zu einer zur Erzeugung der gewünschten Querbewegung nötigen Uebersetzung benutzt.

Ein Zeiger D gab auf einer Scheibe K die jeweilige Stellung des Thermoelements an.

Der Weg der Lötstelle längs des Durchmessers bestand, da der Drehpunkt des Fingers auf einer Geraden fortwanderte, aus einem flachen Zykloidenstück, das in diesem Falle mit genügender Annäherung die Gerade ersetzte.

In der Steuervorrichtung lag auch die Stopfbüchse B, welche das innere Rohr gegen das äußere abdichtete.

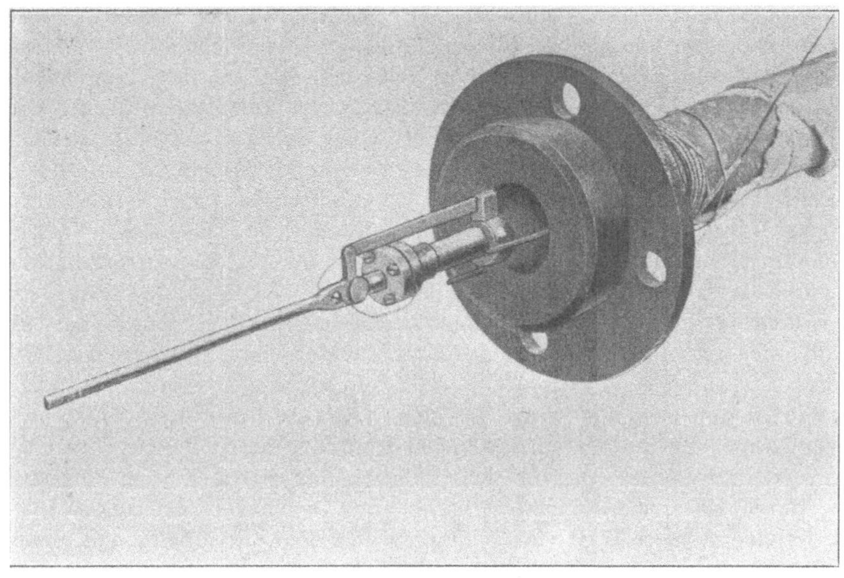

Abb 25.

Die Thermodrähte mußten gegen das Innenrohr dampfdicht und elektrisch isoliert abgedichtet werden. Das geschah bei E und E' mittels specksteingepackter Stopfbüchse P oder sehr einfach und wirksam durch Klingeritdichtungsplatten V.

Als Stütze und Führung besaß der Elementenstiel im Versuchsrohr in genügendem Abstand von den in ungestörter Strömung liegenden Kopf einen Wagen oder Schlitten W, W'. Um das Gewicht der äußeren Steuerung aufzunehmen und die Geradführung des Stieles zu erleichtern, war ein auf dem Fußboden des Beobachtungsraumes laufendes Fahrgestell (f in Abb. 9) vorgesehen.

Ein zweites Thermoelement K in Abb. 9 wurde ohne weiteres zu Anfang der Versuchsstrecke über dem Rohrquerschnitt angebracht, Abb. 26. Seine Aufgabe bestand darin, während eines Einzelversuchs die Gleichheit der Temperatur an dieser Stelle nachzuweisen. War sie gestört, so wurde der Versuch unterbrochen, bis sich durch Einregeln der Ueberhitzerheizung die ursprüngliche Angabe für dieses Element wieder zeigte. Um der Mittelwertbildung für die Dampftemperaturen einigermaßer Rechnung zu tragen — ihre genaue Kenntnis brauchte dieses Element ni̇cht zu ergeben —, waren die Drahtschenkel nicht an einem Punkt, sondern auf einige Zentimeter übereinander gelegt, miteinander verlötet.

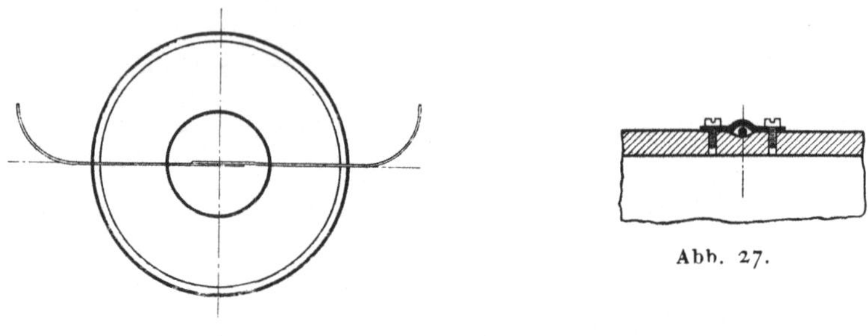

Abb. 26.

Abb. 27.

Die Thermoelemente, welche die Wandtemperaturen angaben, wurden ebenfalls mit den nötigen Vorsichtsmaßregeln aufgebracht[1]). Die genausten Angaben sind von Thermoelementen zu erwarten, die auf dem Rohr angelötet werden. Das war aber bei den hohen, in Betracht kommenden Temperaturen nicht statthaft, und die Lötstellen wurden daher mittels kleiner Plättchen auf die Rohrwand außen in eingefeilte Kerbe versenkt festgeschraubt, Abb. 27. Ein Kitt aus Wasserglas und Asbest gewährleistete möglichst enge Verbindung mit der Wand. Um die Ableitung der Wärme aus der zu messenden Wandstelle und damit deren Abkühlung zu verhüten, wurde der Thermoelementdraht durch aufgereihte Glasperlen geschützt und isoliert, bei der Meßstelle noch $1\frac{1}{2}$ mal um das Rohr herumgelegt und erst dann weiter geführt. Auf dem Versuchsrohr befanden sich an den auf Abb. 9 ersichtlichen Stellen sieben derartige Wandelemente.

Alle Thermoelemente waren aus dem gleichen Drahtvorrat und von der gleichen Länge. Sie bestanden aus Kupfer- und Konstantandrähten von 0,6 mm Stärke und 12 m Länge. Die für sich isolierten und schellackierten Einzeldrähte waren durch Zusammenspinnen vereinigt und nochmals schellackiert[2]). Dadurch ist eine größere Widerstandsfähigkeit und bequemere Benutzung erreicht. Besonders gefährdete Stellen schützten Glasrohre oder Gummischläuche.

Auf einem Ablesetisch Y, Abb. 9, führten alle Elementendrähte über einen Umschalter U hinweg zur gemeinsamen Eislötstelle e und zum Zeigergalvanometer Z[3]). Eine Wippe u ermöglichte die wechselweise Benutzung der beiden Meßbereiche des Gerätes (8 und 16 Milli·olt) bei starken Temperaturverschiedenheiten.

Das Kontrollelement K war an ein eigenes Zeigergalvanometer Z' angeschlossen.

9) Am Dampfkessel, sowie am Anfang der Versuchstrecke, endlich am äußeren Ende des rohrförmigen Thermoelementenstieles P waren Manometer angebracht Zur Vermeidung dynamischer Druckstörungen wurde in den zwischen Beruhigungsstrecke und Versuchstrecke liegenden Flansch eine ielfach durchlöcherte, aus Nickel gepreßte Hohlkugel von 20 mm Dmr., ʼie

[1]) Vergl. dazu die Untersuchungen von Wamsler, Lit.-Nachw. Nr. 61.
[2]) Von E Zwietusch & Co., Charlottenburg.
[3]) Von Siemens & Halske, Berlin.

einen Knäuel feinen Nickeldrahtes enthielt[1]), versenkt, Abb. 28. Durch ein daran hart angelötetes Rohr übertrug sich der Druck auf das Manometer. Später wurde diese Anordnung innerhalb des Flansches durch eine gut abgerundete Bohrung ersetzt.

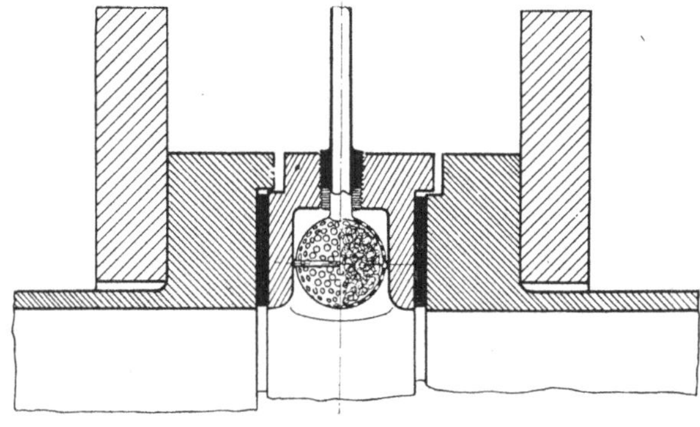

Abb. 28.

Zu den Versuchen, die ohne wesentlichen inneren Ueberdruck des Dampfes durchgeführt wurden, war an derselben Stelle ein U-förmiges Glasrohr anschaltbar, das, zum Teil mit Quecksilber gefüllt, den geringen Ueberdruck an einer Papierskala erkennen ließ.

Die hauptsächlichsten Druckbeobachtungen wurden bei dem Kontrollmanometer am Elementenstiel vorgenommen, welcher den in der Umgebung des Innenelementenkopfes herrschenden statischen Druck durch mehrere kleine gut abgerundete Bohrungen beim inneren Ende des engeren Stahlrohres (sichtbar auf Abb. 24) aufnahm und zum Manometer übertrug. Dort konnte er von dem die Steuerung bedienenden Versuchshelfer jederzeit bequem abgelesen und an den in der Nähe gelegenen Ventilen für Dampfeinlaß und Entwässerung oder am Dampfkessel selbst gegebenenfalls eingeregelt werden.

IV. Die Ausführung der Versuche.

a) Vorbereitungen zu einem Versuchstag.

Vor Beginn jeder Versuchsreihe wurde die Versuchstrecke geöffnet, um die Stellung des Innenelementes in Abhängigkeit von der Stellung der Steuervorrichtung zu eichen. Dies war nötig wegen des veränderlichen toten Ganges, mit dem der Mechanismus naturgemäß zeitweise etwas behaftet war. Ferner mußte eine Druckprobe das Dichthalten aller Flansche und Stopfbüchsen ergeben, eine Isolationsprüfung mit dem Galvanoskop die elektrische Isolation der Stopfbüchsen am Ueberhitzer und des Thermoelements im Dampf. Eine Besichtigung des inneren Stahlrohres des Stieles, der dieses Element trug, mußte ergeben, daß daselbst kein Kondenswasser stand, durch welches Nebenschluß hätte erzeugt werden können, daß also die Speckstein- oder Klingeritdichtung noch gut war.

Eine weitere Vorbereitung bestand im Einstellen der Wandtemperaturen nach einer geraden Linie längs des Versuchsrohres im Diagramm $t_w = f(l)$. Traten nämlich irgendwo Störungen auf (veranlaßt etwa durch die Ausstrahlung

<hr>

[1]) Nach O. Krell, s. Lit.-Nachw. Nr. 35.

benachbarter Flansche), so begegnete man ihnen durch Aufwickeln dünner Asbestpappe auf die zu wenig erwärmten Stellen.

b) Auffüllen und Anwärmen der Vorrichtung.

In der Frühe eines Versuchstages wurde der Dampfkessel geheizt und auf den gewünschten Druck gebracht. Unterdessen wurde die Vorrichtung durch die elektrisch geheizte umlaufende Luft langsam vorgewärmt. Dann konnte man den Dampf bis zu dem der Temperatur entsprechenden Sättigungsdruck in gewissen Zeitabständen eintreten lassen und überhitzen, bis die Temperatur erreicht war, die beim Versuch eingehalten werden sollte. In diesem Zustand blieb die Vorrichtung gegen die Atmosphäre hin sowie gegen den Kessel etwas geöffnet, so lange, bis man sicher war, daß das anfängliche Dampf-Luftgemisch durch reinen Dampf ersetzt war.

Eine kräftige Heizung in diesen ersten Stunden war also unerläßlich, um so mehr, als hier schon ein bedeutender Temperaturunterschied gegen die Außenluft bestand. Dagegen war bei Nusselts Versuchen das Rohr von außen her mit Dampf von ungefähr 100° geheizt, und die strömenden Versuchsmittel befanden sich innen und waren von tieferer Temperatur. Gröber, bei dessen Versuchsrohr die Wärme wie bei uns nach außen strömte, war insofern im Vorteil, als er mit seiner strömenden Luft die Versuche schon bei tieferen Temperaturen anstellen konnte und nicht an eine Sättigungstemperatur gebunden war.

Sobald jedoch bei unserer Anordnung die Möglichkeit vorlag, daß sich noch irgendwo in der Versuchsleitung kondensierender oder trocken gesättigter Dampf befand, durften die Messungen nicht beginnen. Die bekannte Erscheinung, daß auch überhitzter Dampf Wasser in feinen Tröpfchen mitreißen kann [1]), schien durch Konstruktion und Lage des Ueberhitzers wenigstens bei höherer Ueberhitzung ausgeschaltet.

Die Vorheizung war im allgemeinen zu Ende, wenn beim Thermoelement, das sich an der kühlsten Stelle des Versuchsrohres befand, die Sättigungstemperatur genugsam überschritten war.

c) Gang eines Versuches.

Wenn durch Einregeln des Motors die gerade gewünschte Dampfgeschwindigkeit erreicht war, was durch Beobachtung des Dampfmessers entschieden werden konnte, überließ man die Vorrichtung kurze Zeit sich selbst, bis sich eine gewisse Gleichförmigkeit der Strömungsverhältnisse eingestellt hatte, und begann dann die Messungen.

Auf Zuruf steuerte der Versuchshelfer das Thermoelement zur gewünschten Stelle auf den Durchmesser und beobachtete dabei immer Druck und Temperatur beim Kontrollelement. Nachdem mehrere Temperaturen auf dem Halbmesser abgetastet waren, kam das Innenelement zu einer anderen Stelle der Rohrlänge, und die Ablesungen der Durchmessertemperaturen wurden wiederholt. Von Zeit zu Zeit wurde der Dampfmesserstand und die Temperatur beim Drosselflansch vermerkt. Die Veränderung der Geschwindigkeit ergab dann die Bedingungen zu einem neuen Dauerzustand.

Bei einer Versuchsdauer von 35 bis 50 Minuten und einer Zwischenpause von 10 bis 15 Minuten wurden auf diese Weise an einem Versuchstage 8 bis 11 Einzelversuche bei einem bestimmten Druck erledigt. An einem anderen Tag wurde dann eine andere Druckstufe eingestellt.

---

[1]) Vergl. Berner, Lit.-Nachw. Nr. 6.

Die Untersuchungen fanden statt bei Drücken von 1, 3, 5, 7 und 9 at abs, bei Geschwindigkeiten bis etwa 20 m/sk und bei Temperaturen bis etwa 350°.

Ein Versuchstag dauerte einschließlich der zweistündigen Anheizzeit im allgemeinen von vormittags 7 Uhr bis nachmittags 5 Uhr. Er schloß mit der Ausschaltung aller Heizungen, dem Ablassen des Drucks aus der Leitung und dem Abstellen des Gebläsemotors.

d) Die Messungen.

Die Temperatur im Rohrinnern wurde gewöhnlich an sieben verschiedenen Querschnitten der Versuchsstrecke gemessen, wobei an jedem Durchmesser 5 bis 7 Punkte abgetastet wurden. Vor und nach der Ablesung bei der betreffenden Stelle der Rohrlänge wurde die Wandtemperatur daselbst je einmal vermerkt.

Diese Aufschreibungen, sowie die sonst nötigen Beobachtungsgrößen nahm ein Vordruck (Zahlentafel 4) auf, auf dem auch die hauptsächlichsten Berechnungen Platz fanden.

Die stetige, langsame Durchwärmung des großen Messers während eines Versuchstages, die häufige Verlegung des Wärmegleichgewichts bei den Temperaturmessungen und beim Einregeln einer neuen Geschwindigkeit erlaubten bei der Kürze eines Versuchstages und der Stärke der nötigen elektrischen Heizung nicht das Abwarten von vollständig sicheren Dauerzuständen. Man mußte vielmehr die Ablesungen der Meßgeräte nach bestimmten Grundsätzen von der Zeit abhängig machen. So wurde der Dampfmesser in möglichst regelmäßigen Zwischenräumen während des Versuches beobachtet.

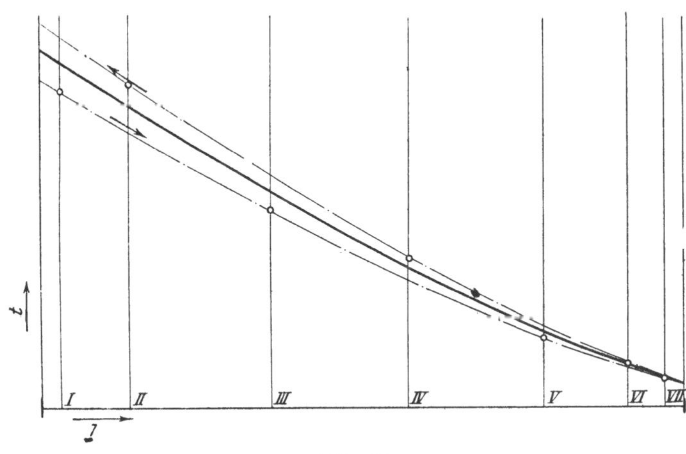

Abb. 29.

Die Thermoelementstellungen im Rohrinnern und damit die Temperaturablesungen an der Rohrwand erfolgten nach der Ordnung I, III, V, VII, VI, IV, II, d. h. die Ablesungen wurden immer sowohl beim Herausziehen wie beim Hereinschieben des Stieles gemacht. War die Temperatur unterdes etwa gestiegen, so ergab sich bei der späteren Mittelwertbildung, Abb. 29, eine zwischen den beiden aufgenommenen Punktreihen liegende Temperaturfolge.

Zahlentafel 4.

Versuchsjournal. Der Wärmeübergang in Dampfrohren. Labor. f. techn. Physik.

Versuch Nr. 183
Blatt I
(24 IX 13)

$$a = \frac{c_p\, \Delta t_D \cdot G}{\Delta t_m\, F} = \frac{0,489 \cdot 47,1 \cdot 46,23}{44,5 \cdot 0,434}$$
$$= 55,12 \left(\frac{WE}{st\ {}^0C\ m^2}\right)$$

Manometerstand 4,00 at + 0,98 (Barometer)

absoluter reduzierter Druck $\quad$ 4,98 at (4,979)

stündliche Dampfmenge $G = 46,23$ kg

spezifisches Volumen
$$v = 47\,\frac{T}{P} \cdots \mathfrak{B} + 0,01 = 47\,\frac{578}{49790}$$
$$-\,0,0062 + 0,01 = 0,546 - 0,005$$
$$= 0,541\ (\text{cbm/kg})$$
$$\mathfrak{B} = 0,0062$$
(Tabelle Mollier)

Geschwindigkeit
$$w = \frac{G\,v}{3600\,\pi\,\dfrac{d^2}{4}} = \frac{G\,v}{4,394}$$
$$= \frac{46,23 \cdot 0,541}{4,394} = 5,69\ \text{m/sk}$$

Barometerstand 722 mm
bei 15° C reduzierter Barometerstand 720 mm

Angabe des Dampfmessers

Hg-Stand	Temperatur (Skalenthermometer)
8,0	111,2
8,0	109,5
*8,0	109,4
8,0	109,5

Mittel 8,0 $\quad$ 109,9″ $= t_{ü} = 259,4\ ^0C$

Abzug 10,4 vH $= 0,83$

berichtigter Hg-Stand 7,17

Sättigungstemperatur $t_s = 150,8\ ^0C$

Ueberhitzung $t_{ü} - t_s = 108,6\ ^0C$

Dampfm.-Tab.-Koeffizient für 4,00 at $= 6,45$

Durchmesser	Rohrlänge							Versuchzeit
	0	I	II	III	IV	V	VI	
rechte Wand	Zeigergalvanometer, Klemme I und III							Beginn I^{10}
2	152,2	149,6	144,0	137,1	131,0	128,4	126,0	
1	155,2	155,0	149,0	141,0	133,6	130,0	127,1	Ende I^{45}
Mitte	157,6	158,0	151,4	144,0	136,2	131,0	127,6	
1	158,0	157,1	151,0	143,9	136,4	130,2	126,4	
2	155,0	151,6	147,5	140,3	133,4	123,4	122,5	Dampftemperatur
linke Wand								

Rohr-Länge	I	II	III	IV	V	VI	VII
Wandtemperatur	122,0	118,1	112,7	109,0	104,3	102,1	99,9
	123,4	119,7	112,3	109,0	103,7	99,5	96,7
Mittel in Skalenteilen	122,7	118,9	112,5	109,0	104,0	101,8	98,3
Mittel in ^0C	285,1	277,1	246,6	257,6	247,2	242,5	234,2

	Dampftemperatur	Wandtemperatur
Eintritt	$t_e = 328,7\ ^0C$	$t_e' = 284,0\ ^0C$
Austritt	$t_a = 281.6\ ^0C$	$t_a' = 237,4\ ^0C$
Differenz	$\Delta t_D = 47,1\ ^0C$	
Mittel	$t_m = \dfrac{t_e + t_a}{2} = \dfrac{610,3}{1} = 305,2\ ^0C$	$t_m' = \dfrac{t_e' + t_a'}{2} = \dfrac{521,4}{2} = 260,7\ ^0C$
absolute Temperatur	$T = t_m + 273 = 305 + 273 = 578\ ^0C$	$\Delta t_m = t_m - t_m' = 305,2 - 260,7 = 44,5\ ^0C$

Bemerkungen:

Die Gleichung ergibt $a = 56$ (gegen 55,12)

V. Die Auswertung der Versuche.

a) Die Eichungen.

Wesentlich mehr Mühe und Zeit als die Ausführung erforderte die Auswertung der Versuche. Jedes der nahezu 200 Versuchsjournale enthält 50 bis 60 unter einander und mit andern Versuchen auszugleichende und zu verrechnende Ablesungen.

Zunächst mußten die Angaben der Meßgeräte nach der jeweiligen Eichung umgeformt bezw. verbessert werden. Die Eichung der Thermoelemente geschah in der üblichen Weise durch Vergleich mit Quecksilberthermometern in einem Oelthermostaten, der elektrisch geheizt und gerührt wurde. Um etwaige störende Ungleichmäßigkeiten der Temperaturverteilung im Oelbad, die bei hochsiedendem Oel in mäßigen Temperaturgebieten möglich sind, unschädlich zu machen, wurden die Lötstellen von 6 zu eichenden Thermoelementen mit Asbestfaden unmittelbar auf die Quecksilberkugel des jeweils benutzten Normalthermometers gebunden. Die Angaben dieser 6 Elemente gaben dann einen ziemlich genauen Mittelwert des Galvanometerausschlages für die betreffende Temperatur.

Eine weitere Erhöhung der Genauigkeit wurde dadurch erzielt, daß Punkte gleicher oder nahe benachbarter Temperaturen wiederholt geeicht wurden. Wenn sich die Ergebnisse dann nicht vollkommen decken, so läßt sich in dem entstehenden Punkthaufen meist der genaue Mittelwert leicht bezeichnen.

Zum Vergleich dienten einige einem Richterschen Satze entnommene Quecksilberthermometer, die in Fünftelgrad eingeteilt waren und einen Bereich von rd. 50 Grad umfaßten. Ihre Angaben wurden nach den von der Physikalisch-Technischen Reichsanstalt ausgestellten Eichscheinen verbessert, der Einfluß der tieferen Temperatur des herausragenden Stückes des Quecksilberfadens mit Hülfe des Mahlkeschen Fadenthermometers[1] berücksichtigt.

Die so erhaltene Abhängigkeit des Galvanometerausschlages von der Temperatur wurde im großen Maßstabe sorgfältig aufgezeichnet. Der Versuch verlangte die Genauigkeit von Zehntelgraden, die Eichkurve gestattete noch das Schätzen der Hundertelgrade.

Wegen der häufigen Benutzung der Eichwerte empfahl es sich, die Kurvenwerte in Form einer Zahlentafel aufzuschreiben, was ein schnelleres und sicheres Auffinden ermöglichte. Die Thermokraft war bei den zehn verwendeten Thermoelementen von je 12 m in Skalenteilen des Messers:

Zahlentafel 5.

Bei ^{0}C	1. Meßbereich	2. Meßbereich
100^0	$3,51''$	—
150^0	$5,52''$	—
200^0	$7,65''$	$8,17''$
250^0	—	$10,54''$
300^0	—	$13,01''$
360^0	—	$15,57''$

($1'' =$ rd. 1 Millivolt)

[1] Vergl. Adam, Lit.-Nachw. Nr. 1.

Die Schenkel der Thermoelemente waren verhältnismäßig lang. Während sie sich nun bei der Eichung auf mäßiger Temperatur befanden, hatten sie beim Innenthermoelement während des Gebrauchs auf etwa $^1/_3$ ihrer Länge hohe Temperatur. Es mußte deshalb festgestellt werden, ob das verschiebliche Element besonders geeicht werden mußte. Daß dies unterbleiben durfte, geht aus der Rechnung hervor:

Der Drahtquerschnitt ist $\dfrac{0,6^2\,\pi}{4} = 0,283$ [mm²].

Der spezifische elektrische Widerstand des Kupfers bei 20^0 ist $0,017$ $\left[\dfrac{\Omega}{\mathrm{m\,(mm^2)}}\right]$, der des Konstantans $0,50\ \dfrac{\Omega}{\mathrm{m\,(mm^2)}}$.

Bei 20^0 besaßen also 12 m Kupferdraht . . . . $\dfrac{0,017\cdot 12}{0,283} =\ 0,721\ \Omega$

und 12 m Konstantandraht . . . . $\dfrac{0,50\cdot 12}{0,283} = 71,200\ \Omega$,

endlich war der Widerstand des Instrumentes . . . . $176,000\ \Omega$

somit der Gesamtwiderstand . . . . $197,921\ \Omega$.

Es mögen nun 3,5 m jedes Thermoelementenschenkels auf 200^0 erwärmt sein. Der Temperaturbeiwert des Kupfers ist $\alpha = 0,0036$, der des Konstantans rd. $0,0000$.

Mit

$$r_t{'} = r_t\,(\mathrm{1} + \alpha\,\varDelta t) \ . \ . \ . \ . \ . \ . \ . \ . \ . \ . \ (50)$$

und

$$\varDelta t = 200 - 20 = 180^0$$

ergibt sich

$$r_{200} = r_{20}\,(\mathrm{1} + 0,0036\cdot 180).$$

Für 3,5 m ist $r_{20} = 0,2104$ und $r_{200} = 0,2104\cdot 1,648 = 0,347\ \Omega$. 8,5 m mögen besitzen 20^0; dann ist ihr Widerstand $0,511\ \Omega$. Der Konstantandraht behält den Widerstand von $21,200\ \Omega$. Nunmehr ist also der Gesamtwiderstand des Thermostromkreises

$$
\begin{array}{lr}
\text{Kupfer warm} \ . \ . \ . \ . & 0,347\ \Omega \\
\text{Kupfer kalt} \ . \ . \ . \ . & 0,511\ \text{»} \\
\text{Konstantan} \ . \ . \ . \ . & 21,200\ \text{»} \\
\text{Messer} \ . \ . \ . \ . \ . & 176,000\ \text{»} \\
\hline
\text{zusammen} & 198,058\ \Omega.
\end{array}
$$

Von $197,921$ hat sich der Widerstand auf $198,058$, also um $0,137\ \Omega$, d. i. nur um $0,02$ vH erhöht. Der Temperatureinfluß verschwindet also praktisch.

Zu dem durch das Doppelkontrollmanometer am Thermoelementstiel angegebenen Ueberdruck wurde der Luftdruck addiert, der bei Zimmertemperatur am Barometer abgelesen und in technischen Atmosphären ($73,55$ cmHg/cm² bei 0^0) ausgedrückt wurde. Ferner wurde die durch Eichung bekannte Berichtigung des Messers angebracht.

b) Die Mittelwertbildungen.

Besondere Sorgfalt mußte auf die Erzielung möglichst brauchbarer Mittelwerte aus jeder Gruppe von Ablesungen verwandt werden. Eine genügende Menge von Einzelwerten, wiederholte zeitlich verschiedene Beobachtung derselben Versuchsgrößen, vorsichtiges Einregeln unsichere Festwerte, bei der Auswertung häufiger Vergleich mit andern abhängigen Veränderlichen, endlich eine gewisse Uebung in der zeichnerischen Darstellung der Versuchsergebnisse führen gewöhnlich zum Ziel. In unserm Falle ist die Zahl der Veränderlichen groß, so daß sich Scharen von Kurven ergeben, die alle die gleichen Grundgesetze erfüllen müssen. Wenn die Einzelkurven der Scharen nach den Versuchen zusammen aufgezeichnet werden, so übersieht man bald die gemeinsamen Gesetzmäßigkeiten und stärkere auf ungenügender Meßgenauigkeit oder unvollkommenem Dauerzustand beruhende Abweichungen, und die Berichtigung für diese Fälle kann gefühlsmäßig meist mit genügender Genauigkeit vorgenommen werden. Wie ferner durch richtige zeitliche Reihenfolge der Ablesungen weitere Verbesserungen der Genauigkeit erreicht werden können, ist oben schon gezeigt; desgleichen wurde die Zahl und zeitliche Verteilung der Ablesungen schon behandelt.

Ein besonderer Vordruck nahm die nunmehr in Celsiusgrade umgerechneten Temperaturen t_W der Rohrwand als Funktion der Rohrlänge auf, Abb. 30.

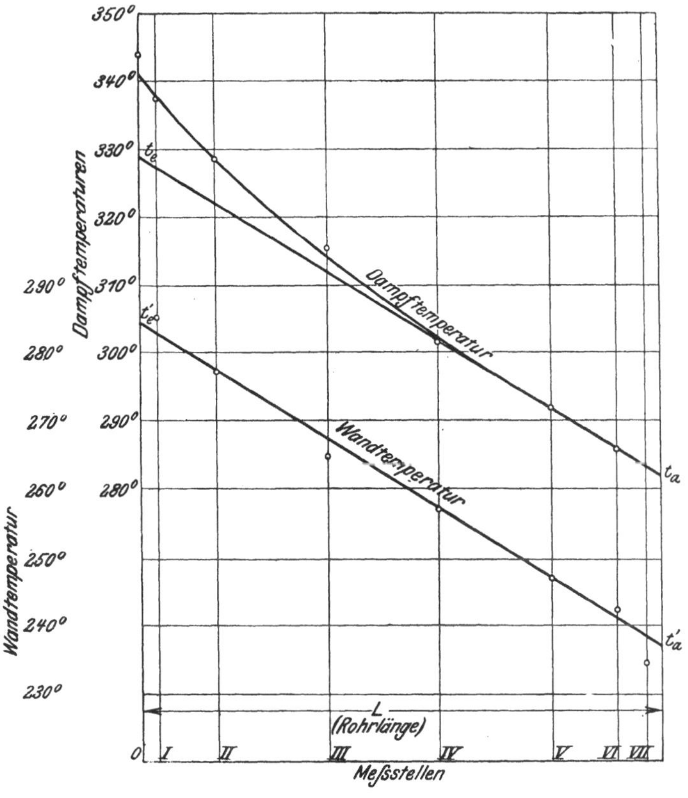

Abb. 30.

Auf demselben Koordinatensystem erschienen auch die mittleren Dampftemperaturen t_D bei den betreffenden Querschnitten.

Wenn es beim Ausführen eines Versuchs gelungen war, den Verlauf der Wandtemperaturen nach einer geraden Linie einzustellen, dann konnte gewöhnlich auch die Dampftemperaturkurve unschwer durch die Punktreihe sinngemäß gezogen werden.

Um die mittlere Dampftemperatur aus den einzelnen Angaben des Thermoelements über dem Durchmesser zu ermitteln, stehen zwei Wege offen.

4*

Entweder[1]) man zeichnet die gefundenen Temperaturen über dem Durchmesser auf, teilt den Querschnitt in gleich breite Ringe. Da nun ein innerer Ring von bestimmter Ringbreite und bestimmter Mitteltemperatur des strömenden Dampfes zu der gesuchten Mitteltemperatur des gesamten Dampfstromes weniger beiträgt, als ein gleich breiter äußerer Ring, so muß man die aufgezeichnete t_D-Kurve erst so umformen, daß die dabei entstehende neue Kurve den Einfluß der Entfernung jedes Punktes von der Rohrachse wiedergibt. Dann ist die neu konstruierte Fläche unter der Temperaturkurve planimetrierbar, und ihre mittlere Höhe ist gleich dem Werte von t_D.

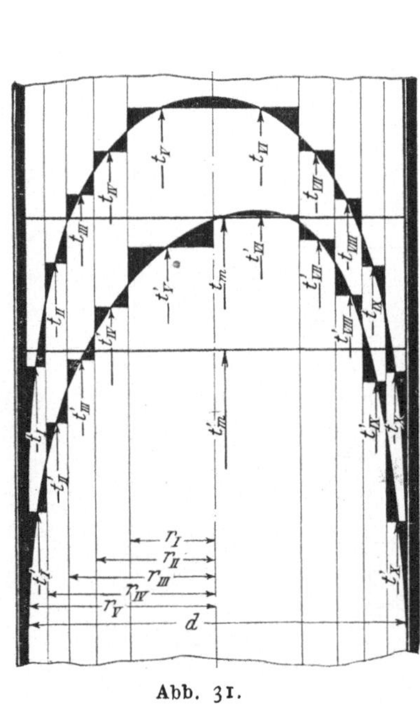

Abb. 31.

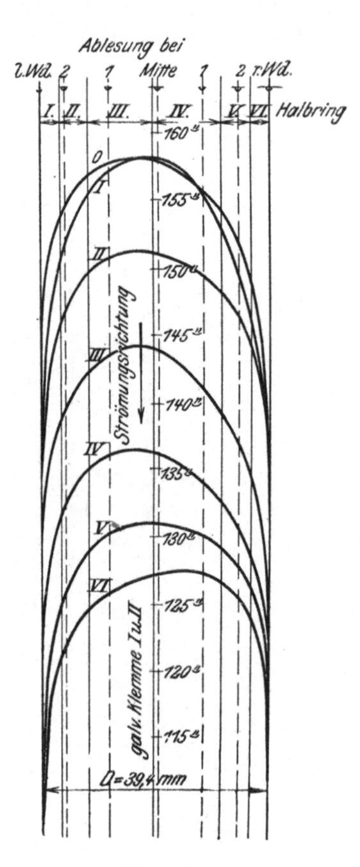

Abb. 32.

Oder[2]) man teilt den Querschnitt F in n flächengleiche Ringe von der Fläche f gemäß

$$n f = F = r^2 \pi \qquad \dots \dots \dots \dots \quad (51)$$

oder

$$f = \frac{r^2 \pi}{n},$$

trägt über dem Durchmesser wieder die durch Abtasten gefundene Kurve $t_D = f(d)$ auf und kann mit genügender Genauigkeit die mittlere Temperatur eines solchen Ringes schätzen. Dann ergibt sich die mittlere Dampftemperatur einfach als arithmetischer Mittelwert der mittleren Ringtemperatur, Abb. 31.

---

[1]) Vergl. Mitteilungen der Prüfungsanstalt für Heizungs- und Lüftungsanlagen Heft 3 S. 36. Lit.-Nachw. Nr. 40.
[2]) Vergl. Lit.-Nachw. Nr. 40 S. 37 und Lit.-Nachw. Nr. 20 S. 14.

Hier wurde der letztbeschriebene Weg gewählt. Das erste benutzte Rohr besaß 95,73 mm Dmr. und damit 71,13 qcm Querschnitt. Es wurde in $n = 5$ Ringe zu je $f = 14,38$ qcm geteilt. Das ergab für die äußeren Halbmesser der einzelnen Ringe:

$$r_I = 2,164 \text{ cm}, \quad r_{II} = 3,026 \text{ cm}, \quad r_{III} = 3,706 \text{ cm}, \quad r_{IV} = 4,279 \text{ cm}, \quad r_V = 4,786 \text{ cm}.$$

Die Zahlen für das zweite Rohr ($d = 39,42$ mm) sind:

$$F = 12,21 \text{ qcm}, \quad n = 3 \text{ Ringe}, \quad f = 4,07 \text{ qcm}, \quad r_I = 1,138 \text{ cm}, \quad r_{II} = 1,609 \text{ cm},$$
$$r_{III} = 1,971 \text{ cm}.$$

Zahlentafel 6. Dampftemperaturen.

Rohrlänge	o	I	II	III	IV	V	VI
I. Halbring	148	142	143	133	126	120	115
II. »	156	153	149	141	134	127	124
III. »	158	157	151	144	136	130	127
IV. »	156	156	150	142	135	131	127
V. »	152	150	144	137	131	128	126
VI. »	144	137	134	130	124	121	120
Summe Σ	914	895	871	827	786	757	739
$\Sigma : 6 =$ Mittel	152,3	149,2	145,2	137,8	130,9	126,2	123,2
in °C	**343,2**	**337,2**	**329,5**	**315,2**	**301,8**	**292,2**	**286,1**

Auch bei dieser Auswertung kam die Benutzung eines Vordrucks zustatten, vergl. Abb. 32 und Zahlentafel 6, auf dem der Längsschnitt eines Rohrstückes, in die Ringe eingeteilt, in vergrößertem Maßstabe eingetragen war. Darauf war dann jeweils die bei einer Versuchsreihe stets innegehaltene Reihenfolge der Stellung des Thermoelementkopfes einzuzeichnen und darauf die gemessenen Temperaturen einzutragen. Eine ausgleichende Kurve verband sie. Diese war im allgemeinen nicht genau symmetrisch zur Längsachse des Rohres, so daß die Bildung des Temperaturmittelwertes auf beiden Seiten der Achse für das betreffende Rohrstück getrennt vorgenommen wurde, siehe Abb. 31.

c) Die Formen der Dampftemperaturkurven.

1) Ueber dem Rohrdurchmesser.
2) Ueber der Rohrlänge.

1) Die Querschnittstemperaturmessungen ergaben je nach der Temperaturverteilung auf dem wärmeableitenden Teile vor der Versuchstrecke und je nach der Entfernung vom Rohranfang verschiedene Formen der Temperaturverteilung, Abb. 33.

a) War die Wand der Beruhigungsstrecke stark geheizt, so hatte die Temperaturverteilung auf dem Halbmesser zu Anfang der Versuchstrecke den Charakter der Kurve *a* in Abb. 33; der Kern ist hier weniger erwärmt als die äußeren Schichten. In unmittelbarer Wandnähe tritt infolge der Abstrahlung durch die Flansche eine Temperatursenkung ein.

b) Ist die Beruhigungsstrecke isoliert, jedoch nicht geheizt, so tritt nahezu gleichmäßige Temperaturverteilung über den Querschnitt auf. Die Senkung bei der Rohrwand besteht auch hier (Form *b*).

c) Beim weiteren Vordringen in dem geraden Rohr tritt ziemlich rasch eine der Form des Paraboloids angenäherte Verteilung ein (Form *c*).

d) Diese nimmt endlich einen nur noch wenig sich ändernden Charakter an (Form *d*).

Die Gestalt der Temperaturverteilungsfläche war schließlich bei der Auswertung ein Hülfsmittel zur Entscheidung, ob an der betreffenden Stelle sich schon der annähernd unveränderte Wärmeübergangwert eingestellt hatte.

Immer nähert sich die Temperatur der äußersten Schichten der Wandtemperatur, da ein wirklicher Temperatursprung nicht bestehen kann. Diese Kenntnis enthebt uns bei den Messungen des Zwanges, das Element bis ganz dicht an die Wand heranzubringen, was sich wegen des Strahlungsschutzrohres und der Gefahr der Verbiegung nicht vollkommen ausführen ließ.

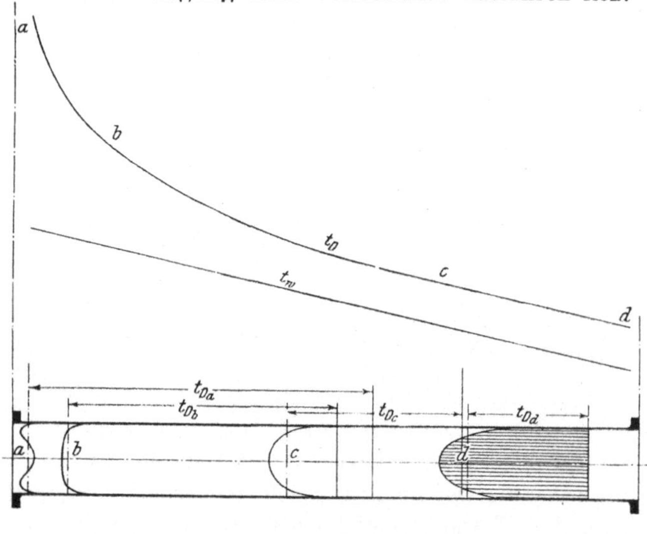

Abb. 33.

Ein Blick auf die nach den Messungen eines Versuches gezeichnete Kurve der Abb. 32 zeigt noch gewisse Schwankungen der Temperaturverteilung in der Zeit. Gegen das Rohrende hin sind die Kurven bei höheren Drücken flacher, was der gesteigerten Leitfähigkeit entspricht. Aehnlich sehen die Kurven aus, die sich bei großen Geschwindigkeiten ergeben. Die starke Wirbelung trägt zur besseren Durchmischung des Dampfstromes bei, wieder sind die Schichten in der Wandnähe verhältnismäßig hoch erwärmt: der Wärmeübergangswert ist groß.

2) Eine dergestalt verschiedenartige Temperaturverteilung nach der Rohrlänge läßt eine wichtige Folgerung zu: der Wärmeübergang muß dort am größten werden, wo der Temperaturabfall in der Wandnähe $\left(\frac{\partial T}{\partial v}\right.$ in Gl. 2 S. 8$\left.\right)$ am größten ist. Das ist nach unseren obigen Ausführungen der Fall beim Rohranfang. Im weiteren Strömungsverlaufe sinkt die Wärmeübergangzahl entsprechend der Formänderung der t_D-Kurven des Querschnittes erst rasch, dann langsamer zu einer ziemlich festen Zahl. Die Abb. 33 zeigt, wie bei gleichmäßig sinkender Wandtemperatur die Dampftemperaturkurve auf der Rohrlänge im gleichen Sinne in drei ineinander übergehende Teile zerfällt:

1) einen starken Abfall $(\overline{ab})$,
2) einen mäßigen Abfall $(\overline{bc})$,
3) einen angenähert gleichbleibenden und dem der Rohrwandtemperatur parallelen Abfall $(\overline{cd})$[1].

---

[1] Beim ausgleichenden Aufzeichnen wurde noch berücksichtigt, daß den Temperaturangaben in der Nähe der Anschlußflansche ein geringeres Gewicht zuzumessen ist, als denen der freien Versuchsstrecke.

Die Versuche ergaben, daß der Fall 2) den größten Teil der angewandten Versuchsstrecke beanspruchte. Soll jedoch ein möglichst eindeutiger Wert für die Wärmeübergangzahl angegeben werden, so ist man darauf angewiesen, die Strecke hinter c zur Berechnung des Wertes von α zu verwerten. Dies geschieht am besten in der Weise, daß man die Kurve der Dampftemperaturen von der Stelle an, wo sie jener der Wandtemperatur parallel wird, nach links über die ganze Rohrlänge hin verlängert, wie dies in Abb. 30 geschehen ist, und alsdann als Eintrittstemperatur des Dampfes in das Rohr t_2 den Abschnitt dieser Verlängerung auf der Ordinatenachse annimmt.

Was sich vorher abspielt, hängt von der durch die äußeren Bedingungen des Apparates gegebenen Dampftemperaturverteilung (Dampfmischung) ab und muß für praktische Fälle in der unten (S. 71 ff.) näher angegebenen Weise berücksichtigt werden. Dabei wird es erforderlich sein, für den Kurventeil ac die gesetzmäßige Abhängigkeit des α vom Abstand der betreffenden Stelle vom Rohranfang festzustellen.

d) Ein Versuchsbeispiel.

Das Journalblatt 1 (Zahlentafel 4) enthält den Versuch Nr. 183 vom 24. September 1913, 1 Uhr 10 Min. bis 1 Uhr 45 Min. Aus 35 Ablesungen der Dampftemperatur im Rohrinnern und 14 Ablesungen der Rohrwandtemperatur sind die Dampftemperaturkurven über dem Rohrdurchmesser und auf der Rohrwand in Abhängigkeit von der Rohrlänge aufgetragen. Auf Journalblatt 2, enthaltend Abb. 32 und Zahlentafel 6, ist die Mittelwertbildung zu ersehen.

Auf Journalblatt 3, Abb. 30, ist der Verlauf der Temperaturkurven längs des Rohres und deren Annäherung an den festen, für die Rechnung in Betracht kommenden Wert $\varDelta t_m$, hier 44,5° C, ersichtlich. Es bedeutet darauf t_i' die Temperatur der Rohrwand am Eintritt und t_a' diejenige beim Austritt des Dampfes. t_i ist diejenige durch Extrapolation gefundene mittlere Temperatur des Dampfstromes beim Eintritt in die Versuchsstrecke, die bestehen würde, wenn der Temperaturabfall des Dampfes schon hier stetsgleich und der Temperaturverlauf demjenigen der Wandtemperatur parallel wäre. t_a ist die entsprechende mittlere Dampftemperatur beim Austritt aus der Versuchsstrecke. Der Quecksilberstand des Dampfmessers ist unverändert $= 8{,}0$, die Temperatur bei der Drosselscheibe rd. 259°. Für die Ueberhitzung von etwa 109° sind nach Zahlentafel 10,4 vH an der Dampfmesserangabe abzuziehen. Der Rest, 7,17 Skalenteile, ist mit dem Zahlentafelwert für 4 at Ueberdruck 6,45 multipliziert und gibt $G = 46{,}23$ kg stündliches Dampfgewicht. Mit diesem, dem spezifischen Volumen $v = 0{,}541$ cbm/kg bei $T = 578°$ und dem Rohrquerschnitt berechnet sich die Geschwindigkeit w zu 5,69 m/sk. Endlich ergibt sich α nach Gl. (43) S. 28 mit Einführung der wahren spezifischen Wärme $c_p = 0{,}489$ bei der mittleren Dampftemperatur 305,2° C und dem Druck 4,93 at bei der inneren Rohroberfläche $F = 0{,}434$ qm zu $55{,}12 \left[\dfrac{\mathrm{WE}}{\mathrm{st\ °C\ qm}} \right]$. Mit der später (S. 72) abgeleiteten empirischen Gleichung gerechnet wird $\alpha = 56$.

In ähnlicher Weise wurden etwa 190 Versuche ausgewertet. Von einer Reihe derselben sind die Ergebnisse auf Zahlentafel 7 zusammengestellt und bei den Versuchen mit dem engeren Rohre damit vergleichbar die durch die empirische Gleichung sich ergebenden α-Werte eingesetzt. (Ueber die Bedeutung der ebenfalls eingetragenen Verhältniszahl χ vergl. unten S. 59.)

Zahlentafel 7. Versuchsbeispiele.

I. Rohrdurchmesser 39,4 mm.

Druck p	Versuch Nr.	Wandtemperatur t_w	Dampftemperatur t_D	Verhältniszahl χ	Geschwindigkeit w	α nach Versuch	α nach Formel
1	120	127,2	162,5	1,278	6,76	17,58	16,2
	123	138,7	187,7	1,353	5,62	15,83	14,2
	127	144,7	183,4	1,268	8,25	19,29	21,4
	129	146,1	178,9	1,225	10,14	27,29	25,0
	128	150,4	186,7	1,242	9,18	21,25	22,5
	126	153,6	190,8	1,243	7,85	20,08	19,6
3	119	152,3	182,5	1,198	3,79	29,74	33,3
	115	152,9	179,6	1,173	4,42	32,20	38,0
	114	158,7	183,6	1,157	5,52	42,80	45,0
	113	159,4	182,0	1,145	6,25	48,87	52,4
	133	163,3	197,6	1,099	2,66	23,15	23,3
	134	193,6	222,2	1,132	6,35	47,80	45,6
	139	205,0	249,9	1,219	2,57	20,32	19,2
	138	205,2	247,8	1,208	3,91	29,32	28,0
	190	227,5	270,0	1,187	7,80	48,59	49,0
	188	234,6	279,9	1,193	7,12	41,50	44,0
5	148	174,3	199,3	1,143	3,43	45,76	47
	144	175,5	193,2	1,100	6,57	88,40	86
	143	177,9	194,2	1,092	7,72	96,22	100
	153	198,1	237,9	1,201	2,51	32,14	33
	156	203,8	249,9	1,227	1,88	22,85	25
	152	209,6	241,6	1,153	4,74	59,83	57
	150	209,9	231,9	1,105	7,81	95,33	87
	186	231,3	288,8	1,248	2,04	26,48	24
	185	244,6	296,4	1,212	3,45	39,05	41
	181	247,7	284,7	1,150	7,71	79,48	76
	184	251,7	301,7	1,198	4,66	49,90	46
	182	252,0	292,8	1,163	6,79	69,16	66
	183	260,7	305,2	1,170	5,69	55,12	53
7	175	211,2	230,4	1,092	8,10	126,2	133
	176	214,4	239,0	1,115	6,01	74,70	100
	178	215,5	252,4	1,172	2,81	45,25	52
9	170	201,8	215,9	1,007	8,13	149,7	180

VI. Die Ergebnisse.

a) Die Einteilung der Versuche.

Es galt nun, aus diesen zahlreichen, von vielen Veränderlichen und den unvermeidlichen Versuchsungenauigkeiten beeinflußten Werten Gesetzmäßigkeiten zu gewinnen. Zu diesem Zwecke wurden sie für je einen der beiden angewandten Rohrdurchmesser in Gruppen von annähernd gleichem Druck geteilt. Jede Gruppe zerfiel in Reihen, in denen die Versuche ähnliche Wandtemperaturen zeigen. Eine Zahlentafel enthielt von jedem Versuch die Ordnungsnummer, den Druck p, die Wandtemperatur t_w, die Dampftemperatur t_D, die Geschwindigkeit w, die gefundene Wärmeübergangzahl α und die unten noch näher besprochene Verhältniszahl χ[1]).

---

[1]) Alle nötigen Rechnungen wurden mit dem 50 cm-Rechenstab oder der Logarithmentafel vorgenommen.

Zahlentafel 7. Versuchsbeispiele. (Fortsetzung.)
II. Rohrdurchmesser 95,7 mm.

Druck p	Ver- such Nr.	Wand- tempe- ratur t_w	Dampf- tempe- ratur t_D	Ver- hältnis- zahl χ	Ge- schwin- digkeit w	α nach Versuch
1	71	108,9	143,8	1,321	3,90	10,79
	72	111,7	143,1	1,282	4,92	10,45
	41	119,1	167,3	1,407	1,25	4,86
	73	125,7	141,4	1,125	8,79	29,40
	47	126,3	168,8	1,337	2,17	6,54
	64	131,0	182,2	1,391	3,64	6,52
	43	135,5	177,7	1,312	3,42	9,45
	50	140,2	167,8	1,198	11,82	25,45
	67	141,8	187,0	1,318	3,93	19,87
	46	142,2	171,4	1,206	10,57	22,03
	68	143,1	182,1	1,273	12,29	31,18
	51	143,5	169,1	1,178	14,64	23,74
	76	164,0	228,9	1,395	2,90	6,24
	78	174,2	228,1	1,310	5,89	11,42
	79	178,6	229,1	1,283	8,46	15,36
	80	181,6	232,4	1,279	11,72	18,43
3	27	137,7	172,6	1,253	2,13	16,97
	22	140,7	174,2	1,238	1,23	9,02
	35	144,6	188,2	1,302	0,48	4,41
	36	146,8	180,3	1,228	1,12	11,87
	37	150,0	183,5	1,223	2,03	16,55
	17	150,4	174,9	1,162	4,08	31,10
	12	153,5	180,6	1,177	6,66	44,15
	10	158,9	185,3	1,166	5,26	35,63
	20	159,1	181,6	1,142	11,48	68,26
	18	159,4	180,3	1,132	7,41	70,80
	9	161,8	185,0	1,142	7,10	50,50
	38	165,6	189,1	1,142	8,25	54,33
	89	171,2	199,6	1,167	3,98	59,40
	81	186,8	226,8	1,213	6,06	27,80
	82	202,6	234,2	1,155	6,43	26,30
5	59	161,4	177,9	1,102	6,07	52,95
	32	163,0	181,1	1,111	7,70	67,50
	96	196,4	215,3	1,097	10,68	192,6
	97	196,7	216,6	1,102	11,55	181,0
7	98	172,0	188,6	1,097	6,98	204,8
	102	174,5	188,5	1,080	11,29	190,8
	104	195,4	212,6	1,088	5,76	136,1
	107	196,5	212,7	1,083	10,29	241,2
	109	197,9	211,3	1,067	12,62	343,2

b) Der zeichnerische Ausgleich der Versuchsergebnisse.

Nun wurde zunächst angenommen, daß α nach einem Exponentialgesetz abhängig sei von w, also

$$\alpha = A w^x \quad . \quad . \quad . \quad . \quad . \quad . \quad . \quad (52).$$

Dann ist

$$\log \alpha = \log A + x \log w \quad . \quad . \quad . \quad . \quad . \quad (52a).$$

Damit wird der Exponent

$$x = \frac{\log \alpha - \log A}{\log w} \quad . \quad . \quad . \quad . \quad . \quad . \quad (52b).$$

Trägt man die Beziehung der Gl. (52) nicht auf gewöhnlichem Koordi- natenpapier, sondern auf logarithmisch geteiltem Papier[1]) auf, so ergibt sich

---

[1]) In den Handel gebracht von Schleicher & Schüll, Düren.

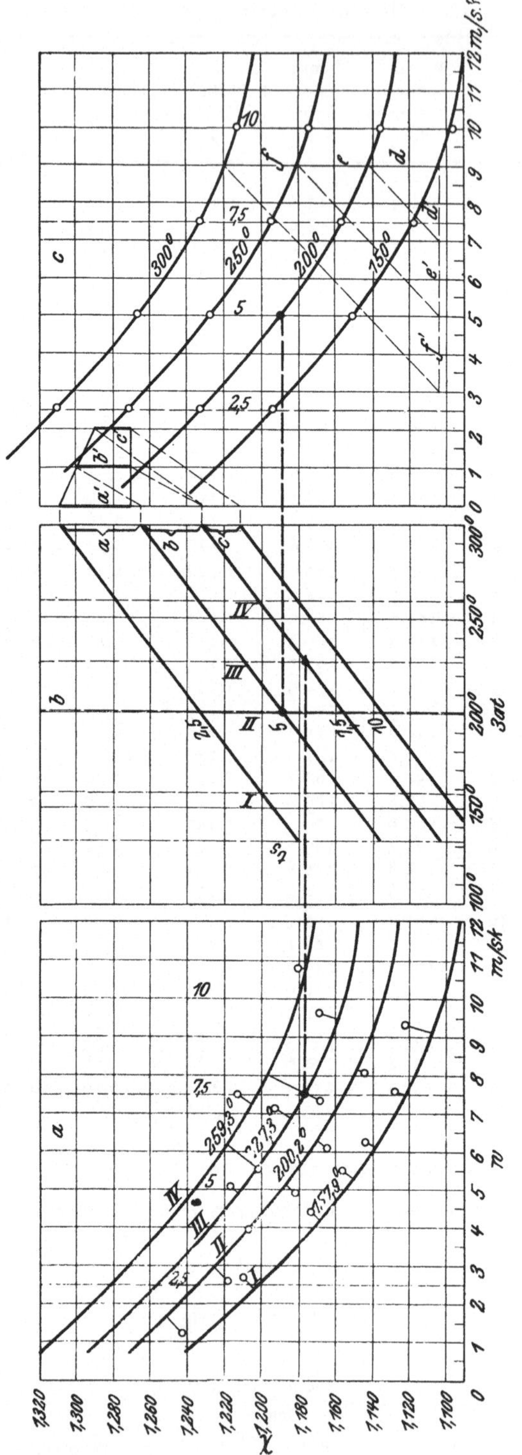

Abb. 34.

die Beziehung der Gl. (52a) zwischen α und w, und x kann, wenn das Exponentialgesetz gilt, mit Hülfe von Gl. (52b) ebenfalls durch Längenmessungen berechnet werden.

Die probeweise Auftragung der $\log \alpha$-Werte über $\log w$ zeigte, daß die Punkte zu sehr streuten, um eindeutige Werte für x zu liefern. Man mußte also zunächst irgend einen Weg zum Ausgleich der Punktreihen unter sich aufsuchen.

1) *Die Abhängigkeit des Quotienten* $\chi = \dfrac{t_D}{t_w}$ *von Geschwindigkeit, Wandtemperatur und Druck.*

2) *Gesetzmäßigkeiten des Temperaturabfalles in den Versuchsrohren.*

3) *Gesetzmäßigkeit der Rechnungsergebnisse.*

1) Es zeigte sich nun, daß ein Zusammenhang zwischen dem Verhältnis der Dampftemperatur zur Wandtemperatur $\chi = \dfrac{t_D}{t_w}$ und der Geschwindigkeit w besteht. Die χ-Werte je einer Reihe gleicher Wandtemperatur wurden als Abszissen über den Geschwindigkeiten als Ordinaten aufgetragen und durch je eine Kurve ausgeglichen, Abb. 34a. Das arithmetische Mittel aller Wandtemperaturen dieser Reihe wurde jeweils der gezeichneten Ausgleichkurve zugeordnet. (Beim Rohr mit $D = 39,4$ mm bei 3 at $157,9^0$, $200,2^0$, $227,3^0$, $259,3^0$.) Dieses Verfahren wurde für alle Druckstufen durchgeführt.

In ein zweites Diagramm, Abb. 34b, wurden nun die χ-Werte in Abhängigkeit von den Wandtemperaturen für mehrere Geschwindigkeiten (2,5, 5, 7,5, 10 m/sk), wie sie aus dem ersten Diagramm entnommen wurden, übertragen. Dabei zeigte sich, daß die eingetragenen Punkte mit guter Annäherung für jede Geschwindigkeit durch eine Gerade ausgeglichen werden konnten.

Ein drittes Diagramm, Abb. 34c, konnte nun in dem Sinne gezeichnet werden, daß für bestimmte Wandtemperaturen (150^0, 200^0, 250^0, 300^0) wieder die χ-Werte als Funktion der w erscheinen.

Für das untersuchte Gebiet zeigen die Diagramme:

1) Für eine bestimmte Wandtemperatur nimmt die Verhältniszahl χ bei steigender Geschwindigkeit proportional mit dieser ab (in Abb. 34b ist $a:b = b:c$).

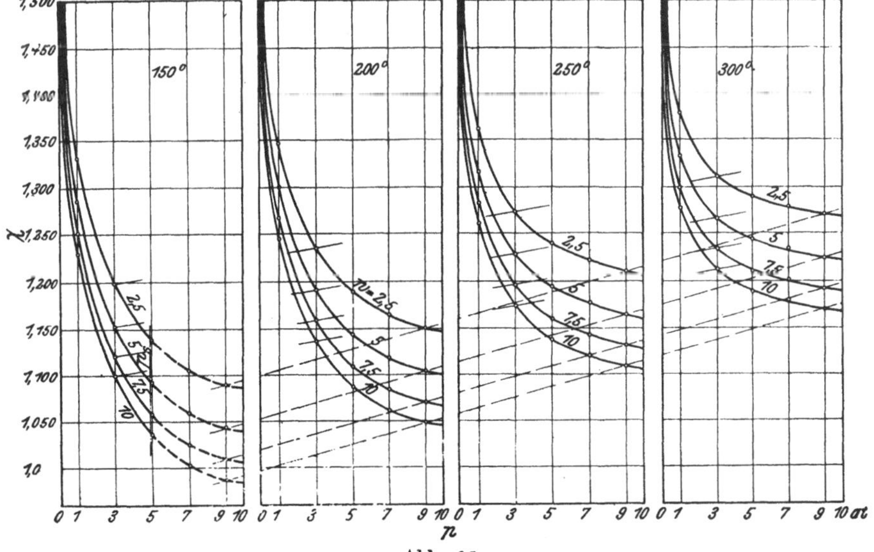

Abb. 35.

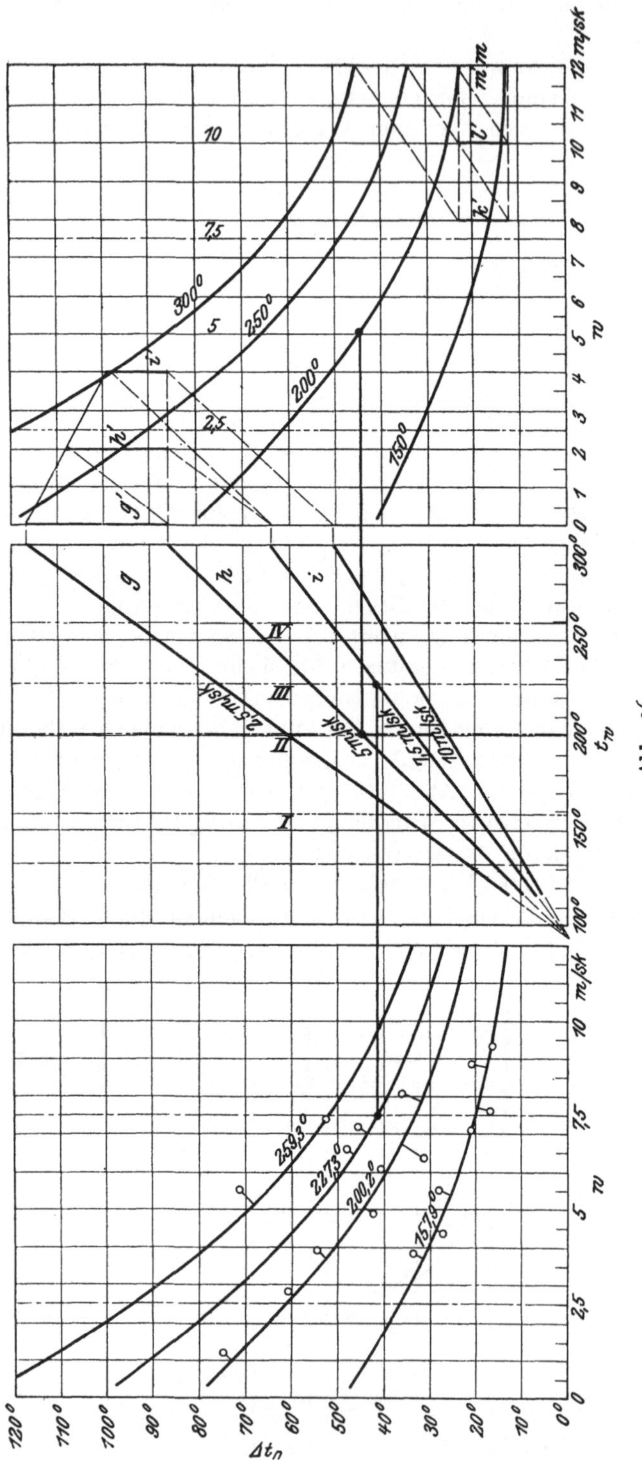
Abb. 36.

2) Bei einer bestimmten Geschwindigkeit nimmt χ zwischen gleichen Temperaturzwischenräumen um gleiche Beträge zu (in Abb. 34c ist $d = e = f$).

Alsdann wurden die so erhaltenen Werte von χ für alle Druckstufen über den p als Ordinaten für eine bestimmte Wandtemperatur und für verschiedene Geschwindigkeiten aufgetragen. Dabei ergaben sich für $\chi = f(p)_{t_w = \text{konst.}}$ hyperbelähnliche Kurven, die bei $p = 0$ asymptotisch zur y-Achse verlaufen, s. Abb. 35. $\chi = \infty$ bedeutet aber bei $p = 0$, daß in einem vollkommen ausgepumpten Gefäß der Temperaturunterschied zwischen Wand und Dampf beliebig hoch sein kann: ein Wärmeübergang durch Berührung findet im Vakuum

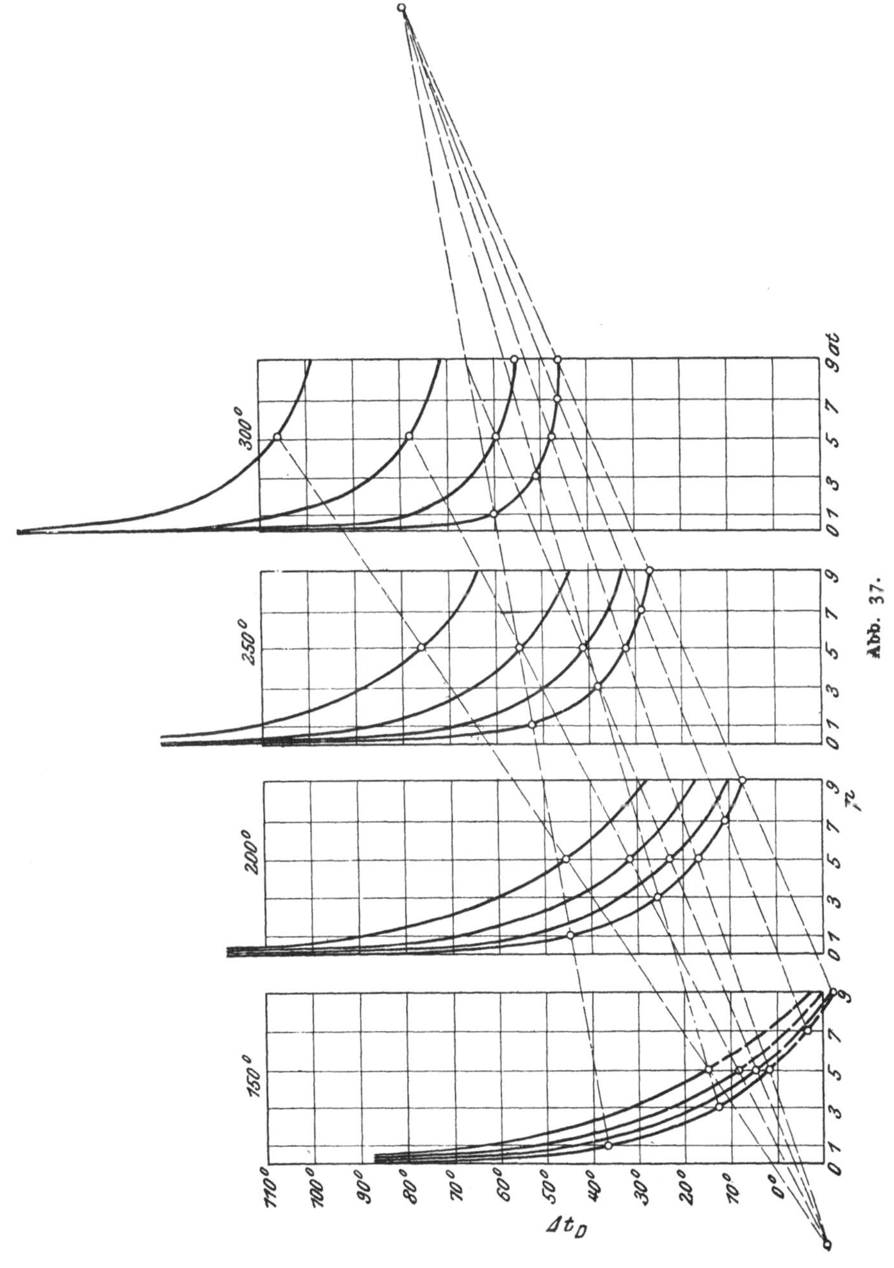

nicht, bei stark verdünnten Gasen in verschwindend kleinem Maße statt.

Da die Zahl χ bei unveränderten Werten von p und w mit der Temperatur proportional wächst (vergl. oben), so lassen sich für verschiedene Temperaturen, Drücke und Geschwindigkeiten die Zusammenhänge in einem einfachen übersichtlichen Bild darstellen, s. Abb. 35.

Durch die so gewonnene Kenntnis von χ sind wir jetzt in der Lage, für jeden möglichen Fall, der sich in der Art der vorgenommenen Versuche abspielt, bei gegebener Wandtemperatur die Dampftemperatur oder bei bekannter Dampftemperatur die Wandtemperatur anzugeben. Aus diesen beiden Größen läßt sich dann der Temperaturunterschied Δt_m für die Gl. (43), S. 28, auswerten.

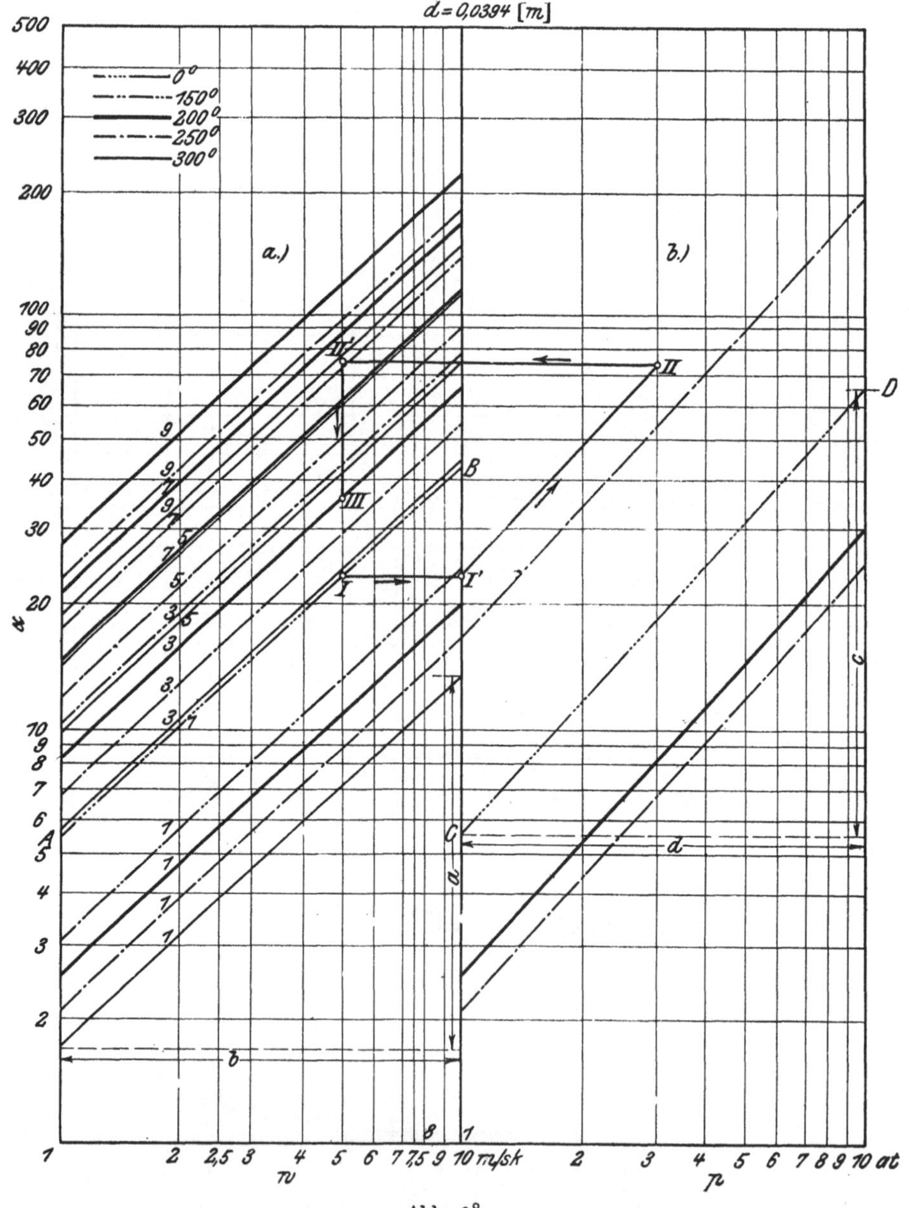

2) Die Berechnungsgleichung enthält ferner Δt_D, die Temperaturabnahme des Dampfes auf einem Weg von der Länge der Versuchstrecke, die gemäß dem auf S. 54 Gesagten zu bestimmen ist. Der Ausgleich der Werte von Δt_D ist in der gleichen Weise vorgenommen worden, wie oben derjenige von χ, s. Abb. 36. Es ergaben sich schließlich ähnliche Kurvengebilde wie in Abb. 35. Nur zeigte sich hier, daß die Zunahme des Δt_D nicht proportional der Temperaturzunahme Δt_w vor sich geht, sondern langsamer, und zwar in dem untersuchten Gebiet von p und t_w etwa gleichmäßig abnehmend, s. Abb. 37, und die darin gezeichneten Konstruktionslinien. Daraus ist bereits zu erkennen, daß gemäß der Gl. (43) in der Form

$$\alpha = \left(\frac{c_p\,G}{F}\right)\frac{\Delta t_D}{\Delta t_m} \quad\ldots\ldots\ldots\ldots \quad (43\,\mathrm{a})$$

die Wärmeübergangzahl bei hohen Temperaturen verhältnismäßig kleiner ist.

3) Damit waren für die einzelnen gleichartigen unabhängig veränderlichen Glieder sämtlicher Versuchsergebnisse Einzelgesetzmäßigkeiten gefunden. Da auch die abhängig veränderlichen (c_p veränderlich mit t und p, G veränderlich mit w, t und p) und das unveränderliche Glied F keine Unstetigkeiten mehr bedingen können, so müssen auch die mit unseren Werten berechenbaren α-Größen einen stetigen Verlauf nehmen.

Tabellenweise wurde also nunmehr eine große Anzahl von Wärmeübergangzahlen in dieser Weise berechnet (Beispiele in Zahlentafel 8) und auf logarithmisch eingeteiltes Koordinatenpapier aufgetragen, Abb. 38.

Zahlentafel 8.

p	w	t_w	X	$t_D = X\,t_w$	$\Delta t_m = t_D - t_w$	Δt_D (ganze Rohrlänge)	c_p	$T = t_D + 273$	$\mathfrak{B}$ (Mollier)	$47\frac{T}{P} + 0{,}001$	$v = 47\frac{T}{P} + 0{,}001 - \mathfrak{B}$	$G = \frac{w\,4{,}394}{v}$	$\frac{c_p\,\Delta t_D\,G}{\Delta t_m\,F} = \alpha \left[\frac{\text{WE}}{\text{m}^2\ \text{Std.}\ {}^0\text{C}}\right]$
at	m/sk	^{0}C											
3	2,5	200	1,234	246,8°	46,8°	60,2°	0,482	520°	0,0088	0,815	0,806	13,63	$\frac{0{,}482 \cdot 60{,}2 \cdot 13{,}63}{46{,}8 \cdot 0{,}434} = 19{,}47$
3	2,5	250	1,273	318,4°	68,4°	89,0°	0,485	591°	0,0057	0,927	0,921	11,93	$\frac{0{,}485 \cdot 89{,}0 \cdot 11{,}93}{68{,}4 \cdot 0{,}434} = 15{,}21$
3	2,5	300	1,312	393,6°	93,6°	116,8°	0,494	667°	0,0038	1,045	1,041	10,56	$\frac{0{,}494 \cdot 116{,}8 \cdot 10{,}56}{93{,}6 \cdot 0{,}434} = 14{,}98$
3	5	200	1,189	237,8°	37,8°	44,2°	0,483	511°	0,0093	0,801	0,792	27,74	$\frac{0{,}483 \cdot 44{,}2 \cdot 27{,}74}{37{,}8 \cdot 0{,}434} = 41{,}70$
3	5	250	1,228	307,1°	57,1°	64,6°	0,484	580°	0,0061	0,910	0,904	24,30	$\frac{0{,}484 \cdot 64{,}6 \cdot 24{,}30}{57{,}1 \cdot 0{,}434} = 36{,}09$
3	5	300	1,267	380,1°	80,10°	81,4°	0,492	653°	0,0041	1,023	1,019	21,55	$\frac{0{,}492 \cdot 81{,}4 \cdot 21{,}55}{80{,}1 \cdot 0{,}434} = 24{,}83$
3	7,5	200	1,156	231,2°	31,2°	32,6°	0,483	504°	0,0098	0,791	0,781	42,19	$\frac{0{,}483 \cdot 32{,}6 \cdot 42{,}19}{31{,}2 \cdot 0{,}434} = 49{,}07$
3	7,5	250	1,195	298,7°	48,7°	48,3°	0,483	572°	0,0064	0,897	0,891	36,99	$\frac{0{,}483 \cdot 48{,}3 \cdot 36{,}99}{48{,}7 \cdot 0{,}434} = 40{,}82$
3	7,5	300	1,233	369,9°	69,9°	63 9°	0,492	643°	0,0043	1,008	1,004	32,80	$\frac{0{,}492 \cdot 63{,}6 \cdot 32{,}80}{69{,}9 \cdot 0{,}434} = 34{,}01$
3	10,0	200	1,136	227,2°	27,2°	25,6°	0,483	500°	0,0100	0,785	0,775	56,68	$\frac{0{,}483 \cdot 25{,}6 \cdot 56{,}68}{27{,}2 \cdot 0{,}434} = 59{,}40$
3	10,0	250	1,174	294,5°	44,5°	37,9°	0,483	568°	0,0065	0,891	0,884	49,70	$\frac{0{,}483 \cdot 37{,}9 \cdot 49{,}70}{44{,}5 \cdot 0{,}434} = 47{,}12$
3	10,0	300	1,213	363,9°	63,9°	50,4°	0,490	637°	0,0045	0,999	0,994	44,20	$\frac{0{,}490 \cdot 50{,}4 \cdot 44{,}20}{63{,}9 \cdot 0{,}434} = 39{,}36$

c) Das Aufsuchen der funktionalen Abhängkeiten des α von seinen Beziehungsgrößen.

1) Die Abhängigkeit der Wärmeübergangzahl von der Geschwindigkeit.
2) Die Abhängigkeit von der Wandtemperatur.
3) Die Abhängigkeit von der Dampftemperatur.
4) Die Abhängigkeit vom Druck.
5) Die Abhängigkeit vom Rohrdurchmesser.
6) Die Abhängigkeit von der Rohrlänge.
7) Die zusammengefaßte α-Formel.

1) In der geschilderten Weise wurde der Werteausgleich für beide dem Durchmesser nach verschiedenen Rohre unabhängig voneinander vorgenommen. Den Punkten des zuletzt untersuchten engeren Rohres war ein höherer Genauigkeitsgrad zuzumessen als denjenigen des weiteren. Aber als sämtliche α-Werte in Abhängigkeit von der Geschwindigkeit logarithmisch aufgetragen waren, ließen sich durch alle Punktreihen gleicher Temperaturen genügend genau Gerade legen, die alle dieselbe Neigung hatten, Abb. 38. Mit

$$\alpha = A w^x \qquad \ldots \qquad (52)$$

ergab sich

$$x = \frac{\log \alpha - \log A}{\log w} = \text{konst} = \frac{a}{b} = 0,892 \quad \ldots \quad (52\,b'),$$

d. h.: Der Exponent der Dampfgeschwindigkeit ist 0,892.

2) Trägt man, vergl. Abb. 38a, für die einzelnen Geschwindigkeiten in logarithmischem Maße die Werte von α auf, die den Wandtemperaturen $t_w = 150^0$, 200^0, 250^0, 300^0 entsprechen, und verbindet die Punkte, welche bei gleicher Wandtemperatur demselben Druck zugehören, so findet man gemäß dem Ergebnis des vorigen Abschnittes 1 eine Reihe von parallelen Geraden. Nun zeigt sich weiter, daß diese Linien für den angenommenen stetsgleichen Temperaturunterschied $\varDelta t_w = 50^0$ für alle Drücke den gleichen Abstand haben; es folgt somit, daß, unabhängig vom Druck, $\varDelta \log \alpha$ proportional $\varDelta t_w$ ist, also

$$\varDelta \log \alpha = c \,\varDelta t_w \qquad \ldots \ldots \ldots \ldots \quad (53).$$

Durch Ausmessen in der Originalzeichnung ergibt sich z. B. für ein $\varDelta t_w = 100^0$ ein $\varDelta \log \alpha_{100^0} = - 0,170$; für $1^0 C$ Temperaturunterschied ist danach $c = \varDelta \log \alpha_{1^0} = - 0,00170$. Verglichen mit einem fiktiven α_0 bei $t_w = 0^0$ ergibt sich also jetzt für α_t bei t_w^0:

$$\log \alpha_t = \log \alpha_0 + c t_w \qquad \ldots \ldots \ldots \quad (54)$$

(denn jetzt ist in Gl. (53) $\varDelta \log \alpha = \log \alpha_t - \log \alpha_0$ und $\varDelta t = t_w^0 - 0^0$).

Daraus folgt:

$$\alpha_t = \alpha_0 \, 10^{c\,t_w} = \alpha_0 \, 10^{-0,00170\,t_w} \qquad \ldots \ldots \quad (55).$$

Das kann umgeformt werden mit

$$10^{-0,00170\,t_w} = x^{t_w} \qquad \ldots \ldots \ldots \quad (56),$$

also $\log x = - 0,00170$, d. h.

$$x = 0,996 \text{ zu } \alpha_t = 0,996^{t_w} \alpha_0 \qquad \ldots \ldots \ldots \quad (55\,a),$$

d. h.: Die Wandtemperatur beeinflußt die Wärmeübergangzahl als Exponent. (Bemerkung: Für die rechnerische Benutzung ist Form (55) vorzuziehen.)

3) Wir setzten oben $t_D = \chi t_w$ und haben dadurch die Wärmeübergangzahl für das untersuchte Gebiet mit der Abhängigkeit von der Wandtemperatur auch von der Dampftemperatur im Rohr abhängig gemacht, denn wir können schreiben:

$$\alpha_t = 10^{-\,0{,}00170\,\frac{t_D}{\chi}} \qquad \ldots \ldots \ldots \ldots (57).$$

Die Werte von χ sind in Abb. 35 zu ersehen, wenn die Wandtemperatur unbekannt ist. In der empirischen Schlußgleichung erscheint demnach nur t_w oder t_D.

4) Wenn man für eine bestimmte Wandtemperatur, z. B. für die extrapolierte fiktive Temperatur $t_w = 0^0$ die α-Werte einer bestimmten Geschwindigkeit über den zugehörigen Druckabszissen aufträgt, Abb. 38b, so bestätigt sich wiederum das einfache Exponentialgesetz:

$$\alpha = B p^y \ . \ . \ . \ . \ . \ . \ . \ . \ . \ . (58).$$

Es ergibt sich immer eine Gerade, deren Neigung mit

$$y = \frac{\log \alpha - \log B}{\log p} = \frac{c}{d} \qquad \ldots \ldots \ldots (58a)$$

gibt: $\qquad\qquad\qquad y = 1{,}082,$

d. h.: **Der Exponent des absoluten Dampfdrucks ist 1,082.**

5) Die fiktive Beziehungsgröße α_0 bei 0^0C, 1 m/sk Geschwindigkeit und 1 at Druck besitzt, wie die logarithmische Abb. 38 zeigt, für den Durchmesser $d = 0{,}03942$ m den Wert 5,60. Auf dem entsprechenden (hier nicht wiedergegebenen) Schaubild für $d = 0{,}09573$ m wird $\alpha_0' = 4{,}84$. Daraus läßt sich, das von allen wissenschaftlichen Bearbeitern anerkannte Gesetz

$$\alpha = C d^z \ . \ . \ . \ . \ . \ . \ . \ . \ . \ . (59)$$

vorausgesetzt, der Durchmesserexponent und der Beiwert ermitteln.

Es ist

$$\log \alpha_1 = \log C + z \log d_1 \ . \ . \ . \ . \ . \ . \ . \ . (59a),$$
$$\log \alpha_2 = \log C + z \log d_2 \ . \ . \ . \ . \ . \ . \ . (59a'),$$
$$\log \alpha_1 - \log \alpha_2 = z (\log d_1 - \log d_2) \ . \ . \ . \ . (59b),$$
$$z = \frac{\log \alpha_1 - \log \alpha_2}{\log d_1 - \log d_2} \ . \ . \ . \ . \ . \ . \ . \ . (59b'),$$

$$\alpha_1 = 5{,}60 \qquad\qquad d_1 = 0{,}03942,$$
$$\alpha_2 = 4{,}84 \qquad\qquad d_2 = 0{,}09573.$$
$$\log \alpha_1 = 0{,}7484 \qquad \log d_1 = 0{,}3960 - 2,$$
$$\log \alpha_2 = 0{,}6851 \qquad \log d_2 = 0{,}9813 - 2.$$

Dabei wird

$$z = -\,\frac{0{,}0633}{0{,}3853} = -\,0{,}1643,$$

d. h.: **Der Exponent des Rohrdurchmessers ist $-0{,}164$.**

Endlich bleibt noch der Beiwert C zu ermitteln, der sich aus Gl. (59a) ergibt zu

$$C = 3{,}291.$$

6) Bisher wurde nur der Teil der Versuchsrohre in Betracht gezogen, auf welchem α annähernd unverändert ist (vergl. S. 54). Wie wir oben jedoch sahen, ist α im allgemeinen wesentlich höher. Um wenigstens näherungsweise Angaben über jenen Teil des Rohres (bc in Abb. 33) machen zu können, auf welchem ein ziemlich stetiger Abfall des α-Wertes erfolgt, müßte wieder eine gründliche Untersuchung erfolgen, welche zeigt, wie die Form der Kurven $t_D = f(L_{bc})$ von

w, p, t und d beeinflußt wird. Wegen der geringen praktischen Bedeutung der nicht mehr einfachen und durch zufällige Aeußerlichkeiten der Anordnung leicht beeinflußten Ergebnisse einer solchen mathematischen oder zeichnerischen Untersuchung wurde davon abgesehen und ein Näherungsverfahren auf Grund folgender Ueberlegung benutzt.

Es sei vorausgesetzt, daß die über der Rohrlänge[1]) aufgetragenen Kurven der Δt_m, d. h. des Unterschiedes zwischen Dampf- und Wandtempereratur ($t_D - t_w$) für alle Werte von w, p und t_w sämtlich gleichen Krümmungscharakter besitzen, so daß die nachstehenden Betrachtungen für alle Versuche in gleicher Weise Gültigkeit haben.

In der Gl. (43) S. 28

$$\alpha = \frac{c_p \, \Delta t_D \, G}{\Delta t_m F}$$

kann c_p innerhalb der in Betracht kommenden Temperaturzwischenräume als annähernd unverändert betrachtet und daher

$$\alpha = C \frac{\Delta t_D}{\Delta t_m} \quad \ldots \ldots \ldots \ldots \quad (43\,\mathrm{b})$$

gesetzt werden, worin C eine Konstante bedeutet.

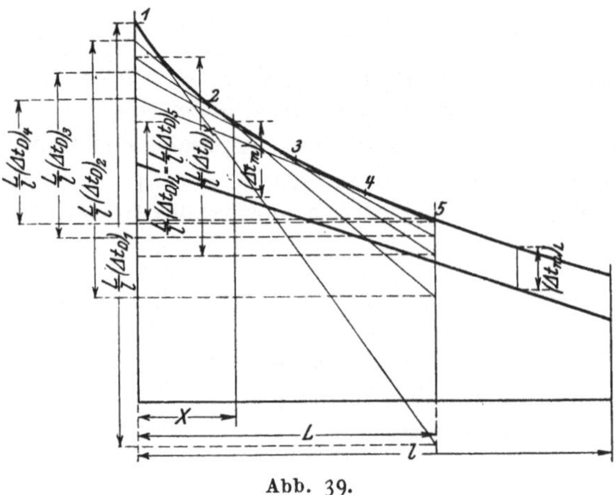

Abb. 39.

Bezeichnen wir nun mit L (vergl. Abb. 39) den Abstand desjenigen Rohrquerschnitts vom Rohranfang, von wo an Δt_m unverändert bleibt, und mit X den Abstand bis zu einem beliebigen anderen Querschnitt, so ist der Wert von α (rechts vom Querschnitt bei L)

$$\alpha = C \frac{(\Delta t_D)_L}{(\Delta t_m)_L},$$

wobei $(\Delta t_m)_L$ der Temperaturunterschied zwischen Dampf und Wand an der Stelle L und $(\Delta t_D)_L$ diejenige Senkung der Dampftemperatur vom Eintritt bis zum Austritt bezeichnet, welche vorhanden sein würde, wenn das Temperaturgefälle in Richtung des Rohres überall denselben Wert hätte, wie im Punkte L.

Entsprechend ist im Querschnitt X die Wärmeübergangzahl:

$$\alpha' = C \frac{(\Delta t_D)_X}{(\Delta t_m)_X} \quad \ldots \ldots \ldots \ldots \quad (43\,\mathrm{c}),$$

worin analog jetzt $(\Delta t_D)_X$ die Temperaturabnahme des Dampfes für die ganze Länge des Rohres darstellt, wenn das Temperaturgefälle überall so groß wäre,

---

[1]) Vergl. **Nusselt, Die Abhängigkeit der Wärmeübergangszahl von der Rohrlänge. Lit.-Nachw. Nr. 47.**

wie im Querschnitt X, und $(\varDelta t_m)_x$ gleich dem Unterschied zwischen Dampf- und Wandtemperatur an der Stelle X ist.

Die Abhängigkeit der Größen $(\varDelta t_D)_x$ und $(\varDelta t_m)_x$ von X ist aus Abb. 39 zu ersehen. Um sie genauer festzustellen, wurden, wie Abb. 40 zeigt, die $\varDelta t_m$-Werte aus je drei Versuchen der vier Druckstufen bei verschiedenen Geschwindigkeiten aus den Kurvenblättern ermittelt, deren eines im Abb. 30 abgebildet ist, und über der Rohrlänge aufgetragen. Die Kurven scheinen nun

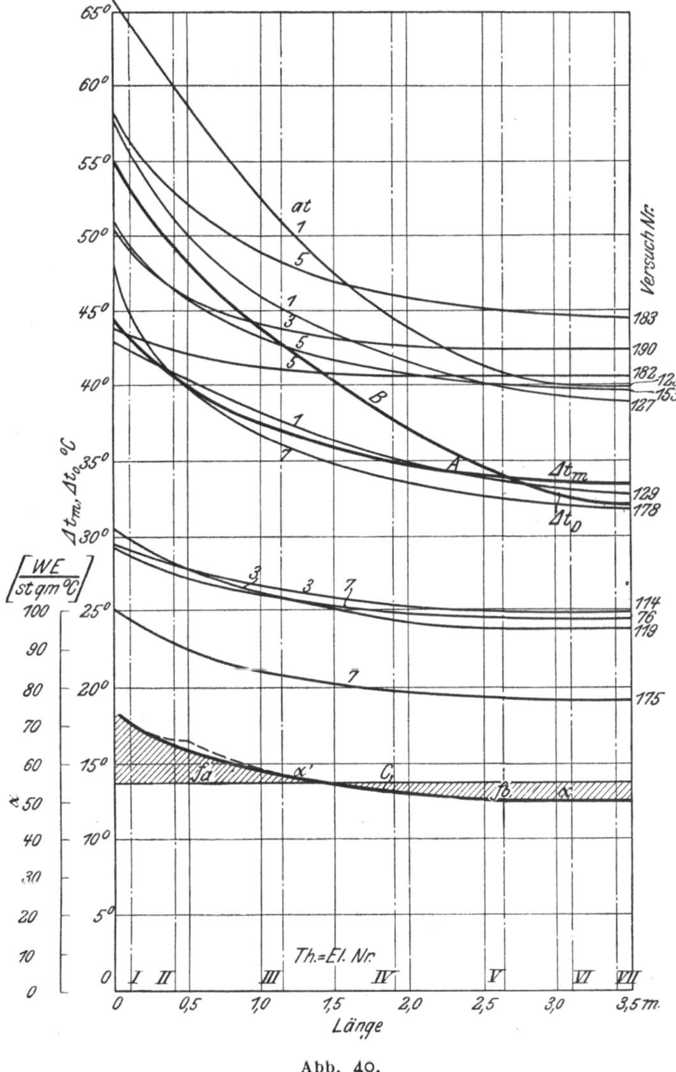

Abb. 40.

zwar ziemlich regellos beieinander zu liegen, zeigen aber doch einen gemeinschaftlichen Grundcharakter. Durch arithmetische Mittelbildung wurde nun eine Kurve »A« festgelegt, die alle übrigen angenähert darstellen möge. Die mit ihrer Hülfe erhaltenen $\varDelta t_m$-Werte wurden logarithmisch über den Logarithmen der Längen aufgetragen, Abb. 41, und ergaben nun wieder sehr ausgesprochen:

1) das Bestehen der in Abb. 33 ersichtlichen Teile $\overline{ab}$, $\overline{bc}$, $\overline{cd}$;

5*

2) die uns wichtige Tatsache, daß der Exponent eines jeden solchen Teiles unveränderlich ist (geradliniger Verlauf der logarithmischen Aufzeichnungen).

Aus Abb. 41 folgt für 2 verschiedene Ausschnitte X_1 und X_2 die Beziehung:

$$\log (\varDelta t_m)_{X2} = \log (\varDelta t_m)_{X1} - u (\log X_2 - \log X_1) \quad . \quad . \quad . \quad . \quad (62)$$

und

$$u = \frac{\log (\varDelta t_m)_{X1} - \log (\varDelta t_m)_{X2}}{\log X_2 - \log X_1} . \quad . \quad . \quad . \quad . \quad . \quad . \quad (62a).$$

Der Exponent u für den Temperaturunterschied $(\varDelta t_m)_X$ der Rohrstelle ist

1) auf dem Stück $\overline{ab}$ rd. 0,045,
2) » » » $\overline{bc}$ » 0,090,
3) » » » $\overline{cd}$ 0,000

(vergl. A' in Abb. 41).

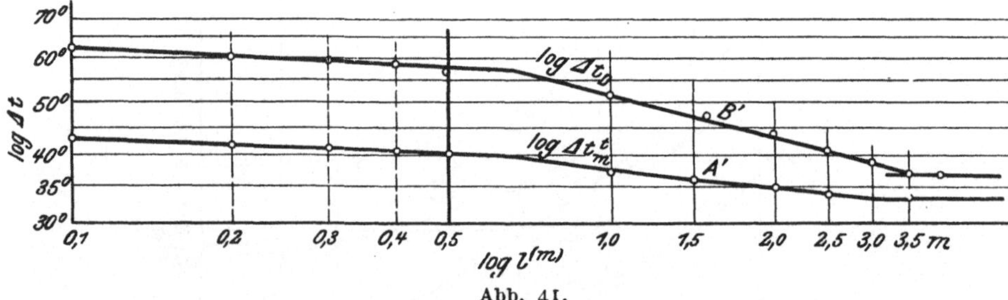

Abb. 41.

Des weiteren wurde aus den zwölf zum Auffinden des mittleren $\varDelta t_m$ benutzten Versuchen in ähnlicher Weise eine mittlere $\varDelta t_D$-Kurve gefunden. Zu diesem Zwecke wurde an 5 in Abb. 39 ersichtlich gemachten Punkten 1, 2, 3, 4, 5, eine Tangente an die t_D-Kurve des jeweils betrachteten Versuches gelegt und mit den Ordinaten auf den Abszissen $X = 0$ und $X = l$ zum Schnit gebracht (l ist die ganze Rohrlänge). Daraus ergab sich jeweils das der Neigung in den Punkten 1, 2, 3, 4, 5 entsprechende $\varDelta t_D$ (berechnet für die ganze Rohrlänge)[1]. Aus allen zu einem bestimmten Punkte gehörigen Werten wurde der mittlere Wert berechnet und aufgetragen. Nachdem das für alle 5 Punkte geschehen war, erhielt man die in der Abb. 40 ersichtliche Kurve B der $\varDelta t_D$. Die logarithmische Abbildung dieser Beziehung ergab analog wie oben für $(\varDelta t_m)$ für 2 Querschnitte X_1 und X_2 die Beziehung·

$$\log (\varDelta t_D)_{X2} = \log (\varDelta t_D)_{X1} - v (\log X_2 - \log X_1),$$

und zwar hat v für die 3 Rohrstücke die Werte:

1) für das Stück $\overline{a'b'}$ rd. 0,095,
2) » » » $\overline{b'c'}$ » 0,246,
3) » » » $\overline{c'd'}$ » 0,000.

Aus Gl. (62) folgt für den besonderen Fall $X_2 = L$ u $X_1 = X$:

$$\log (\varDelta t_m)_X = \log (\varDelta t_m)_L + u (\log L - \log X) \quad . \quad . \quad . \quad (62'),$$

und

$$(\varDelta t_m)_X = (\varDelta t_m)_L \left(\frac{L}{X}\right)^u . \quad . \quad . \quad . \quad . \quad . \quad (62'').$$

Aehnlich folgt:

$$(\varDelta t_D)_X = (\varDelta t_{DL}) \left(\frac{L}{X}\right)^v \quad . \quad . \quad . \quad . \quad . \quad . \quad (62a'').$$

---

[1] In der Abb. 39 sind die $\varDelta t_D$- und $\varDelta t_m$-Werte im Verhältnis $\frac{L}{l}$ verkleinert bezeichnet.

Um nun für das Stück $\overline{b\,c}$ die Wärmeübergangzahl α' zu finden, schreiben wir auf Grund der Gl. (43c), (62″) und (62a″)

$$\alpha' = C\,\frac{(\Delta t_D)_L \left(\dfrac{L}{X}\right)^v}{(\Delta t_m)_L \left(\dfrac{L}{X}\right)^u} \quad \ldots \ldots \ldots \ldots \quad (63),$$

$$= C\,\frac{(\Delta t_D)_L}{(\Delta t_m)_L}\left(\frac{L}{X}\right)^{v-u} \quad \ldots \ldots \ldots \ldots \quad (63\,\mathrm{a}).$$

$$= C\,\frac{(\Delta t_D)_L}{(\Delta t_m)_L}\left(\frac{L}{X}\right)^{r} \quad \ldots \ldots \ldots \ldots \quad (63\,\mathrm{b}).$$

Hierin ist

$r = v - u \; (= 0{,}156 \text{ für das Stück } \overline{b\,c})$,

L das Stück $\overline{a\,c}$. Dieses ist bei dem untersuchten Rohr mit $d = 39{,}4$ mm gleich 3,0 m. Der Wert von L vergrößert sich etwas mit steigendem Durchmesser und konnte bei dem 95,7 mm weiten Versuchsrohr etwa 3,5 m gesetzt werden. Aus der Abb. 42 ergibt sich, wenn man ein proportionales Anwachsen des L mit d annehmen will,

$$L^{[m]} = 2{,}65 + 8{,}9\,d^{[m]} \quad \ldots \ldots \ldots \ldots \quad (64).$$

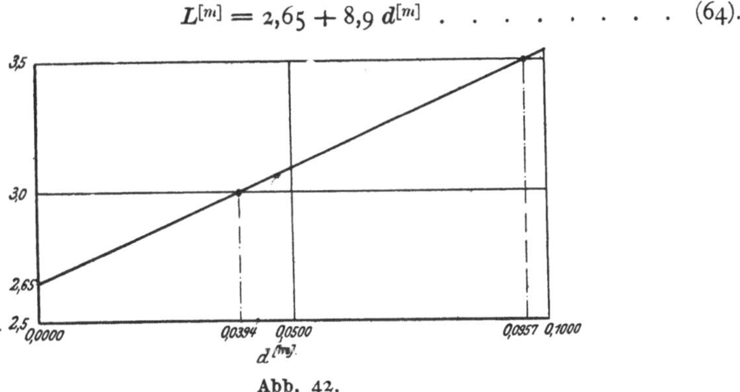

Abb. 42.

Es empfiehlt sich, die Wärmeübergangzahl α' auf einer Stelle des Rohrstücks $\overline{b\,c}$ als Vielfaches des »Konstanten« α darzustellen. Dann ist mit Gl. (43c) und (63b):

$$\frac{\alpha'}{\alpha} = \frac{C\,\dfrac{(\Delta t_D)_L}{(\Delta t_m)_L}\left(\dfrac{L}{X}\right)^r}{C\,\dfrac{(\Delta t_D)_L}{(\Delta t_m)_L}} = \left(\frac{L}{X}\right)^r \quad \ldots \ldots \ldots \quad (65)$$

oder

$$\alpha' = \left(\frac{L}{X}\right)^r \alpha = R\,\alpha \quad \ldots \ldots \ldots \ldots \quad (65\,\mathrm{a}).$$

Wie wir sahen, zerfällt die Kurve der α'-Werte über der Rohrlänge l, d. i. die in Abb. 43 stark ausgezogene Kurve, in zwei Teile. Für jeden dieser Teile gilt Gl. (65a), wenn darin die dem betreffenden Teil entsprechenden Werte für L, r und α eingesetzt werden.

Aus Gründen der Uebersichtlichkeit der folgenden Ueberlegungen wollen wir nun Stück $\overline{b\,c}$ der über der Rohrlänge aufgetragenen α'-Kurve und seine Verlängerungen mit »Zweig I«, das Stück $\overline{a\,b}$ und seine Verlängerung nach rechts mit »Zweig II« bezeichnen.

Wir führen dementsprechend folgende Bezeichnungen ein:

Es sei L_1 die Entfernung vom Rohranfang bis zum Eintritt des unveränderlichen α-Wertes,

L_2 die Entfernung des Schnittpunktes des Zweiges II von der Ordinatenachse,

X eine beliebige Entfernung vom Rohranfang,

$X_{1,2}$ die Entfernung vom Rohranfang des Schnittpunktes des Zweiges I mit dem Zweige II (also jene Stelle, an welcher der α'-Wert für beide Zweige gleich ist),

α_1 die Wärmeübergangzahl bei L_1,

$\alpha_{1,2}$ die Wärmeübergangzahl bei $X_{1,2}$,

α_2 die (fiktive) Wärmeübergangzahl bei L_2,

α_1' eine beliebige Wärmeübergangzahl auf Zweig I,

α_2' eine beliebige Wärmeübergangzahl auf Zweig II,

r_1 der Exponent des Zweiges I,

r_2 der Exponent des Zweiges II.

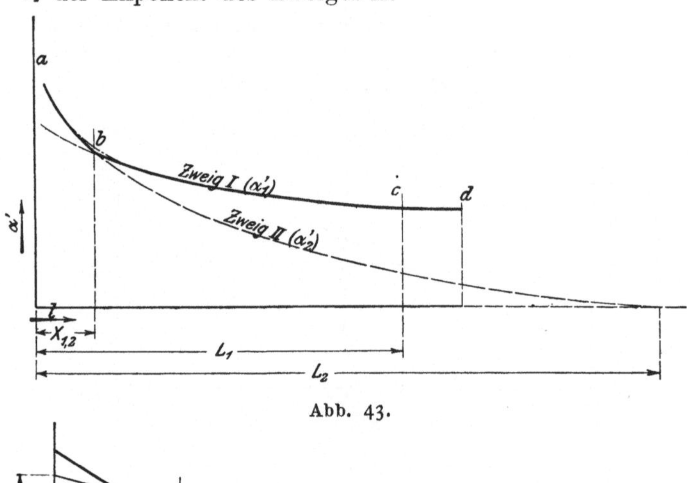

Abb. 43.

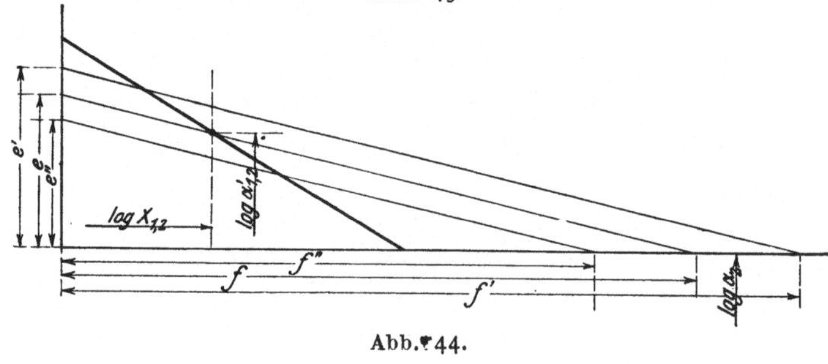

Abb. 44.

Für Zweig I sind nun sämtliche in Gl. (65 a) enthaltenen Werte bekannt. Sie geht über in die Form:

$$\alpha_1' = \left(\frac{L_1}{X}\right)^{r_1} \alpha_1 \quad . \quad . \quad . \quad . \quad . \quad . \quad . \quad (65\,a).$$

Hierin kann α_1 nach der unten (S. 76) abgeleiteten Formel (66) berechnet werden, r_1 wurde gefunden zu 0,156 und $L_1 = L$ im Sinne der Formel (64).

Für den Zweig II erhalten wir die Formel:

$$\alpha_2' = \left(\frac{L_2}{X}\right)^{r_2} \alpha_2 \quad . \quad . \quad . \quad . \quad . \quad . \quad . \quad (65\,a').$$

Darin ist nun bekannt $r_2 = 0,05$ und damit die Neigung der $\log \alpha_2'$-Linie in der in bekannter Weise dargestellten logarithmischen Abbildung der α_2'-Kurve der Abb. 43. Es ist nämlich mit den Bezeichnungen e, e', e'', f, f', f'' der Abb. 44

$$r_2 = \frac{e'}{f'} = \frac{e''}{f''} = \frac{e}{f},$$

wenn man wiederum die Gleichung

$$(\log \alpha'_{1,2} - \log \alpha_2) = (\log L_2 - \log X_{1,2})\, r_2 \quad \ldots \quad (65\,\mathrm{b})$$

zeichnerisch darstellt (analog der Darstellung der ebenso gebauten Gl. 62 in Abb. 41, S. 68).

Um zur Kenntnis des L_2 zu gelangen, müssen wir nun aus der Schar der möglichen Geraden mit der Neigung r_2 jene auswählen, welche bei $\log X_{1,2}$, also der Stelle des für beide Zweige gemeinschaftlichen $\log \alpha'$-Wertes ($\log = \alpha_{1,2}'$, s. Abb. 44) die logarithmische Abbildung des Zweiges I schneidet. Diese Gerade schneidet auf der Abszissenachse $\log L_2$ ab. Das gesuchte L_2 ergibt sich durch eine (hier nicht wiedergegebene) Rechnung zu

$$L_2 = X_{1,2} \left[\left(\frac{L_1}{X} \right)^{r_1} \alpha_1 \right]^{\frac{1}{r_2}} \quad \ldots \ldots \ldots \quad (65\,\mathrm{b}')$$

und mit

$$\left(\frac{L_1}{X} \right)^{r_1} = R_1$$

zu

$$L_2 = X_{1,2} \left[R_1\, \alpha_1 \right]^{\frac{1}{r_2}} \quad \ldots \ldots \ldots \ldots \quad (65\,\mathrm{b}'').$$

In Zahlentafel 9 sind nun für Zweig I die Reduktionsfaktoren R_1 mit $L_1 = 3{,}0$ m und $r_1 = 0{,}156$ berechnet für verschiedene Rohrstellen X.

Zahlentafel 9.

$X =$	0,5	1,0	1,5	2,0	2,5	3,0
$R_1 =$	1,322	1,187	1,114	1,066	1,028	1,00

Zahlentafel 10 gibt ein Beispiel des Verlaufes der α'-Kurve in Zweig I und Zweig II, wobei angenommen ist, daß sich der durch die unten aufgestellte Formel (66), S. 72, berechnete Festwert $\alpha_1 = \alpha = 50$ ergeben habe.

Zahlentafel 10.

$X =$	0,1	0,2	0,3	0,4	0,5	1,0	1,5	2,0	2,5	3,0	ab 3,0
$\alpha' =$	70,0	69,1	67,8	66,8	66,1	59,3	55,7	53,3	51,4	50,0	50,0

Abb. 40 endlich zeigt die α-Kurve selbst (C), in welcher noch der bei $X_{1,2}$ und L_1 eintretende Knick durch eine Kurve ausgeglichen ist.

In praktischen Fällen genügt es, für das kurze Stück $a\,b$ die Rechnung durch sinngemäße Verlängerung des berechneten Stückes $b\,c$ zu ersetzen, besonders deshalb auch, weil die Flanschnähe dort meist ganz unübersehbare Vorgänge bedingt.

Endlich ist noch zu bedenken, daß der feste Wert von α nach der Rohrstelle c sich nicht vollständig unverändert erhalten kann, weil er von der Temperatur des Dampfes oder der Rohrwand abhängt und diese sich jenseits der Stelle c auch noch ändert.

Wenn man für praktische Berechnungen den Wärmeübergang einer bestimmten Rohrstrecke kennen muß, so kann man die Fläche unter der α'-Kurve planimetrieren und aus der Bestimmung der mittleren Höhe den Mittelwert von α' finden. Gewöhnlich kann dies leicht schätzungsweise geschehen, indem man eine Wagerechte $\alpha' = $ konst so über der Längenordinate zieht, daß die Flächenstücke f_a und f_b, die von der wahren und der mittleren α'-Kurve begrenzt werden, einander gleich sind (s. Abb. 40).

7) Die für α gefundenen Einzelbeziehungen vereinigt geben jetzt die Form:

$$\alpha = 3{,}29\, d^{-0{,}1643}\, p^{1{,}082}\, w^{0{,}892}\, 10^{-0{,}0017 t_w} \tag{66}$$

$$= 3{,}29\, \frac{p^{1{,}082}\, w^{0{,}892}}{d^{0{,}1643}\, 10^{0{,}0017 t_w}} \quad \ldots \ldots \ldots \tag{66a}.$$

Zur Berechnung brauchbarer ist:

$$\log \alpha = \log 3{,}29 + 1{,}082 \log p + 0{,}892 \log w - 0{,}164 \log d - 0{,}0017\, t_w \log 10$$
$$= 1{,}082 \log p + 0{,}892 \log w - 0{,}164 \log d - 0{,}0017\, t_w + 0{,}5177 \tag{66b}.$$

Vor dem Eintreten der »vollkommenen Beruhigung« sind diese α-Werte höher, und zwar im allgemeinen nach:

$$\alpha' = \left(\frac{L}{X}\right)^{0{,}156} \alpha \quad \ldots \ldots \ldots \ldots \tag{65b}.$$

(Bedeutung der Symbole s. oben S. 66.)

d) Die Formen der α-Kurven.

Mit Hülfe der Gl. (66b) wurden tabellarisch die Werte für verschiedene Drücke, Geschwindigkeiten und Temperaturen beim Durchmesser 39,42 mm nach Art der Zahlentafel 11 ausgerechnet und in Abb. 45 eingezeichnet.

Die zahlenmäßigen Ergebnisse der Berechnung sind zum Zwecke der praktischen Verwendung im Anhang untergebracht.

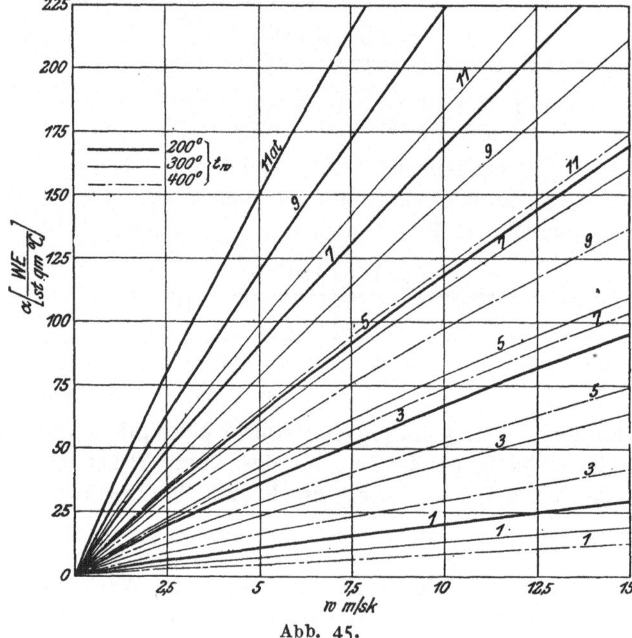

Abb. 45.

Zahlentafel 11.

I	II	III	IV	V	VI	VII	VIII	IX	X	XI	XII	XIII
p at	w m/sk	t_w °C	$\log p$	$\log w$	$1{,}082$ $\cdot \log p$	$0{,}892$ $\cdot \log w$	$\log 3{,}29$ $-0{,}164$ $\cdot \log d$	Σ Spalten (VI, VII, VIII)	$0{,}0017\, t_w$	$\log \alpha$	α	α Nusselt
3	5	200	0,4773	0,6990	0,5165	0,6234	0,7484	1,8883	0,3400	1,5483	35,31	32,4
»	»	250	»	»	»	»	»	»	0,4250	1,4633	29,05	29,6
»	»	300	»	»	»	»	»	»	0,5100	1,3783	23,88	26,4
»	»	350	»	»	»	»	»	»	0,5900	1,2933	19,64	—
»	»	400	»	»	»	»	»	»	0,6800	1,2080	16,13	—

In der Spalte XIII sind zum Vergleich diejenigen Werte angegeben, die sich nach der älteren Nusseltschen Formel (25), S. 24, berechnen lassen.

Die logarithmische Abbildung dieses Kurvensystems ist in Abb. 38 ge geben. Mit dessen Hülfe ist es auch möglich, für den Durchmesser 39,4 mm schnell ohne umständliche Berechnung den α-Wert für beliebige Drücke, Geschwindigkeiten und Wandtemperaturen zu konstruieren. Sucht man sich nämlich auf der Bezugslinie $\overline{AB}$, die für $p = 1$ at und $t_w = 0^0$ gilt, den Wert α für die gewünschte Geschwindigkeit (z. B. 5 m/sk) auf (I), geht parallel der Bezugslinie $\overline{CD}$ von 1 at (I') bis zum gewünschten Druck (z. B. 3 at) weiter (II), so gilt der neue σ-Wert für 0^0 C.

Der endgültige Wert für eine bestimmte andere Temperatur ergibt sich durch Subtraktion einer Strecke, die das 0,0017fache der gewünschten Wandtemperatur in ^{0}C im Maßstab m der Abbildung[1]) ist (II'—III); man gelangt also von I über I', II, II' nach III. Außerdem lassen sich auf Abb. 38 irgend welche Zwischenwerte zwischen den gezeichneten auch unschwer selbst durch Schätzung finden.

Wie man dann den für einen Durchmesser 39,4 mm erhaltenen Wert unmittelbar für einen andern Durchmesser umrechnen kann, zeigt folgendes Verfahren:

Gl. (66) wird in die Form gebracht:

$$\alpha = C\, d^{--0,1643} \quad \ldots \ldots \ldots \quad (66\,\text{b}).$$

Somit ist also das Verhältnis zweier Werte α_1, α_2, die den Durchmessern d_1, d_2 entsprechen:

$$\frac{\alpha_1}{\alpha_2} = \left(\frac{d_1}{d_2}\right)^{-0,1643} = \left(\frac{d_2}{d_1}\right)^{0,1643} \quad \ldots \ldots \quad (66\,\text{b}').$$

Bei $d_1 = 0,0394$ m ist $d_1{}^{0,1643} = 0,5877$. Demnach

$$\alpha_2 = 0,588\,\frac{1}{d_2{}^{0,1643}}\,\alpha_1 \quad \ldots \ldots \ldots \quad (66\,\text{b}''),$$

bezw. $\quad \log \alpha_2 = \log \alpha_1 - 0,1643 \log d_2 - 0,2307 = \log \alpha_1 + a \,\ldots\, (66\,\text{b}''')$:

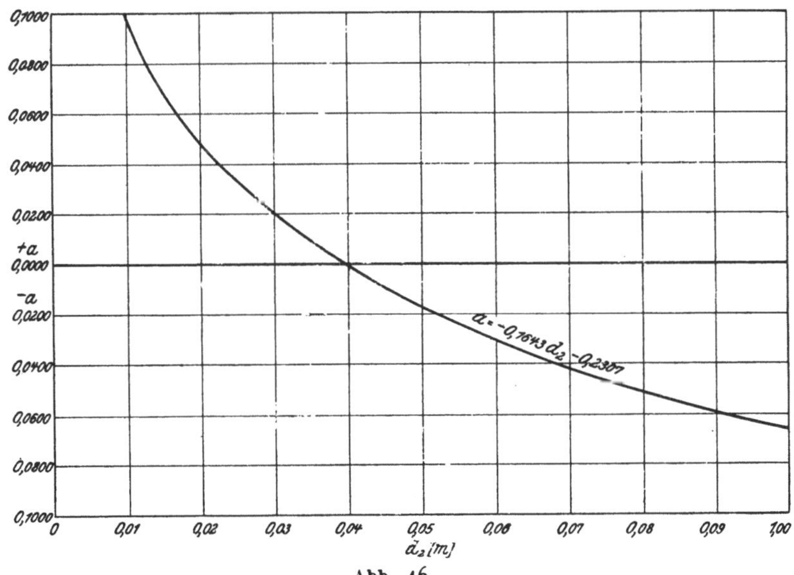

Abb. 46.

[1]) Der Maßstab der Abbildung ist $m = \dfrac{b\,\text{cm}}{10}$ (s. Abb. 38 a).

Zur bequemen Verwendung dieser Gleichung diene die Abb. 46, in die die Werte $a = (-0,1643\, d_2 - 0,2307)$ eingetragen sind, wodurch es also möglich wird, aus der Abb. 38 schnell die Wärmeübergangzahl für ein beliebiges d_2 zu berechnen.

VII. Vergleich der Ergebnisse nach der empirischen Formel aus unseren Versuchen mit den nach der genauen Nusseltschen berechneten.

a) Die absoluten Abweichungen.

In dem Bestreben, eine nicht zu verwickelte Beziehungsgleichung für den Wärmeübergang bei überhitztem Dampf aufzustellen, mußten wir naturgemäß verzichten auf unbeschränkte theoretische Gültigkeit. Immerhin zeigen Vergleichsrechnungen für das Versuchsgebiet und seine Umgebung befriedigende Uebereinstimmung mit den nach der theoretischen Nusseltschen Formel erhaltenen.

Unter der Voraussetzung, daß die Dampftemperatur jenen Wert hat, der sich beim Versuch bei einer bestimmten Wandtemperatur einstellte, sind die Werte der Zahlentafel 12 nach der Nusseltschen und der empirischen Formel berechnet.

Zahlentafel 12.

p	t_w	α			
		für $w = 5$ m/sk		für $w = 10$ m/sk	
at	°C	Nusselt	Poensgen	Nusselt	Poensgen
1	200	13,5	12,5	24,0	22,3
	300	11,6	10,9	21,3	19,5
	400	11,9	9,1	18,5	18,0
5	200	54,6	51,2	99,9	90,1
	300	42,7	39,1	79,2	73,9
	400	25,5	34,9	66,7	51,5
9	200	96,1	88	175,5	146
	300	72,7	68	156,8	123
	400	56,3	53	99,0	99

Man sieht, daß die Abweichungen besonders von der Temperatur abhängig sind und daß bedeutendere Unterschiede sich bei verhältnismäßig tiefen Wärmegraden, also in Sättigungsnähe, zeigen.

In den Grenzen, die praktisch vorzukommen pflegen, also bei mäßigen Drücken und entsprechend mäßigen Temperaturen, sowie bei höheren Drücken und höheren Temperaturen ist jedoch die Uebereinstimmung der Ergebnisse nach den von einander unabhängigen Formeln zufriedenstellend.

b) Die Einwirkung der Abweichung auf praktische Wärmedurchgangsberechnungen.

Es liegt nicht im Wesen der Wärmeübergangzahl für Dampf, daß ihr Wert absolut genau in die Rechnung eingesetzt werden kann. Wir haben oben schon betont, wie bedeutend gewisse Unregelmäßigkeiten der Leitung auf Temperaturverteilung und Wärmeübergang wirken. Weiter haben wir gezeigt, daß eine recht beträchtliche Rohrlänge dazu gehört, bis ein einigermaßen unveränderliches α eintritt. Diese Längen sind praktisch in Wärmeaustauschvorrichtungen mit Heißdampf wohl überhaupt nicht gebräuchlich. Für kürzere Stücke ist aber die Wärmeübergangzahl leicht weit höher, umsomehr als die dort häufig vorhandenen Krümmungen und sonstigen Umstände sehr oft die Wiederdurchmischung des Dampfstromes, also theoretisch gesprochen die Störung des paraboloidischen Temperaturfeldes, veranlassen. Unsere Versuche zeigten, daß die Forderung der von Nusselt für den Fall der Parallelströmung entwickelten Theorie, nach welcher ein Festwert von α schon nach einer Rohrlänge gleich einem geringen Vielfachen des Rohrdurchmessers eintritt, bei Wirbelströmung nicht erfüllt wird.

Es ist nun noch eine wichtige Frage, wie weit praktisch die Genauigkeit der Wärmedurchgangsberechnungen beeinflußt wird durch wechselnde α-Werte. Um darüber einen Anhalt zu gewinnen, betrachten wir folgendes Beispiel:

Am Eintritt in einen Ueberhitzer sei die Rauchgastemperatur 550^0 C, am Austritt 420^0 C, die Mitteltemperatur berechnet sich dann zu etwa 470^0 C. Der Dampf von 13 at abs. betritt den Ueberhitzer mit $190,6^0$ und verläßt ihn mit 300^0 (trockene Sättigung beim Eintritt ist hier angenommen). Seine Mitteltemperatur ist dann etwa 265^0.

Wir berechnen aus der später folgenden Gl. (67a), S. 77, die Wandtemperatur (mit vorläufig geschätzten α-Werten) zu 281^0 und finden dann für eine Dampfgeschwindigkeit von 12,5 m/sk mit Ueberhitzerrohren von $d = 39,4$ nm lichtem Durchmesser

$$\alpha_{\text{Nuss.}} = 15,9 \frac{\lambda_{\text{Wand}}}{d^{0,214}} \left(\frac{w\,\varrho\,c_p}{\lambda}\right)^{0,786} \quad\dotfill\quad (25),$$

$$= 31,8\,\lambda_{\text{Wand}} \left(\frac{w\,\varrho\,c_p}{\lambda}\right)^{0,786} \quad\dotfill\quad (25'),$$

$$\alpha_{\text{Poe.}} = 3,29 \frac{p^{1,082}\,w^{0,892}}{d^{0,164}\,10^{0,0017\,t_w}} \quad\dotfill\quad (66\,a),$$

$$= 5,60\,p^{1,082}\,w^{0,892}\,10^{-0,0017\,t_w} \quad\dotfill\quad (66\,a').$$

Mit $\lambda = 0,02880$ und $\lambda_{\text{Wand}} = 0,02823$[1]$)$, $v = 47\dfrac{T}{P} + 0,001 - \mathfrak{B}$ (s. Zahlentafel 8) $= 47\dfrac{273 + 265}{130000} + 0,001 - 0,007 = 0,1877$, $\varrho = \dfrac{1}{v}$; $c_p = 0,545$ wird

$$\alpha_{\text{Nuss.}} = 31,8 \cdot 0,02833 \left(\frac{12,5 \cdot 0,545}{0,1877 \cdot 0,0288}\right)^{0,786} = \mathbf{249,4} \left(\frac{\text{WE}}{\text{st}\ ^0\text{C qm}}\right) \text{ und}$$

$$\log \alpha_{\text{Poe.}} = \log 5,60 + 1,082 \log p + 0,892 \log w - 0,0017\,t_w = 0,7484 + 1,1915$$
$$+ 0,9780 - 0,4877 = 2,4302, \text{ also}$$

$$\alpha_{\text{Poe.}} = \mathbf{269,3} \left(\frac{\text{WE}}{\text{st}\ ^0\text{C m}^2}\right).$$

Der empirische Festwert liegt diesmal 7,99 vH über dem theoretischen; jedoch zeigt die nachstehende Rechnung, daß der Wert der für die Praxis wesentlichen Wärmedurchgangzahl k hierdurch nicht stark beeinflußt wird.

Die Rauchgasgeschwindigkeit ist in der Ueberhitzerkammer im allgemeinen nicht groß. Nehmen wir als wirksamen Wert bei den Schlangen 5 m/sk an, so kann bei der gegebenen Temperatur von etwa 470^0 die Wärmeübergangzahl aus den verschiedenen Nusseltschen Versuchen (Druckluft, Kohlensäure, Leuchtgas) schätzungsweise mit $\alpha_2 = 21$ eingesetzt werden, und es ist dann nach Formel (6b) S. 11:

---

[1]) Es ist: $\lambda_t = \lambda_0 (1 + \gamma t)$. Für Wasserdampf ist $\lambda_0 = 0,01405$, $\gamma = 0,00369$.

$$k = \cfrac{1}{\cfrac{1}{\alpha_1} + \cfrac{1}{\alpha_2}} = \cfrac{1}{\cfrac{1}{249} + \cfrac{1}{21}} = \frac{1}{0,05166} = 19,38 \left(\frac{WE}{st\ {}^0C\ qm}\right)$$

mit der theoretischen und

$$\cfrac{1}{\cfrac{1}{269} + \cfrac{1}{21}} = \frac{1}{0,05136} = 19,47 \left(\frac{WE}{st\ {}^0C\ qm}\right)$$

mit der empirischen Formel. Der Wärmedurchgang wird also von letzterer um 0,46 vH höher angegeben. Der Einfluß der Strahlung ist für beide Fälle der gleiche; würde er berücksichtigt, so fiele die Abweichung noch geringer aus.

Wir haben hier den Festwert von α eingeführt. Oben sahen wir jedoch, daß er um das $\left(\frac{L}{X}\right)^r$-fache kleiner ist als der bei einer Stelle X wirklich bestehende α-Wert. Es sei angenommen, daß die Ueberhitzerrohre den Durchmesser 39,4 mm, die Länge $l = 1,50$ m haben und L nach wie vor (S. 66) 3,0 m (Beginn des »Festwertes«) sei. Dann ist mit

$$\alpha' = \alpha\,R \quad \ldots \ldots \ldots \ldots \quad (65\,a)$$

(S. 69) nach Zahlentafel 9 für die Entfernungen 0,5, 1,0 und 1,5 m vom Anfang des Rohres

$$\alpha_{0,5} = 1,322 \cdot 269 = 356$$
$$\alpha_{1,0} = 1,187 \cdot 269 = 319$$
$$\alpha_{1,5} = 1,114 \cdot 269 = 300$$

Die nach S. 71 sinngemäße Verlängerung der α-Kurve bis $X = 0$ und die planimetrische Mittelwertbildung ergibt $\alpha_m = 338$, d. i. 35,7 vH höher als der theoretische und 25,6 vH höher als der empirische Festwert. Nun wird

$$k = \cfrac{1}{\cfrac{1}{338} + \cfrac{1}{21}} = \frac{1}{0,0507} = 19,72 \left(\frac{WE}{st\ {}^0C\ qm}\right),$$

d. i. nur 1,75 vH bezw. 1,28 vH höher als die oben gerechneten k-Werte.

VIII. Die Wärmeübertragung von Heizgasen an Wasserdampf in der Praxis.

a) Berechnung.

1) Strömungsrichtungen der Wärmeübertragung.
2) Strahlungsanteil.
3) Beschaffenheit der Austauschvorrichtungen.
4) Die Wandtemperatur.
5) Der Berechnungsgang für die Wärmeübergangzahl einer Heißdampf-
   leitung.

1) Das wärmeabgebende Mittel befindet sich immer in einem gewissen Bewegungszustand (Heizgase, Heizdampf). Für die Berechnung von Wärmeaustauschvorrichtungen sind jedoch zwei Fälle zu unterscheiden: Das wärmeaufnehmende Mittel kann entweder nur innere Bewegung (Konvektion) zeigen (Kesselwasser, Raumluft) oder es kann innere und äußere Bewegung (Strömung) besitzen (Dampf im Ueberhitzer). Befinden sich beide Mittel im Zustand äußerer Bewegung, so kann diese entweder im gleichen Sinne erfolgen (Gleichstrom) oder im entgegengesetzten (Gegenstrom) oder auch so, daß die

Flüssigkeitsströme im Winkel zueinander stehen (Kreuzstrom). Die für diese Fälle bestehenden Berechnungsgleichungen ergeben, daß der reine Gegenstrom den größten, der reine Gleichstrom den geringsten Wärmeaustauch und der Kreuzstrom[1]) einen Zwischenwert liefert. Der letzte Fall ist der häufigste und, weil er beim Dampfüberhitzer und beim Kondensator vorliegt, der wichtigste.

Was die Richtung der Wärmeströmung zwischen Wand und Dampf selbst betrifft, so besteht theoretisch kein Bedenken, die durch unsere Untersuchungen im Richtungssinn Dampf zu Wand ermittelten α-Werte auch für den umgekehrten Richtungssinn zu benutzen.

2) Ferner ist in Betracht zu ziehen, ob die betreffende Wand strahlender Wärme ausgesetzt ist. Die Größe des Anteils der letzteren an der Wärmeübertragung wurde oben behandelt.

3) In jedem Fall der Praxis muß von neuem in Erwägung gezogen werden, ob diese Strahlung von der Wand stark verschluckt wird, ob ferner bei Wärmeaustauschvorrichtungen mit hohen Durchgangzahlen die natürliche Wandstärke durch Ablagerungen nicht verändert wird, ob die wärmetragenden Mittel rein sind oder nicht (Luftgehalt im Sattdampf) und der Grad der Einmischung fremder Bestandteile, endlich die Einflüsse wärmeableitender Teile, woraus sich dann die in den Gleichungen enthaltenen Größen bestimmen lassen.

4) Die theoretische und empirische Formel setzt die Kenntnis der Wandtemperatur voraus. Es ist im allgemeinen nicht möglich, sie vor Kenntnis der Wärmeübergangzahlen zu beiden Seiten der Wand anzugeben. Für die erste aufklärende Berechnung genügt es jedoch, sie nach den auf S. 9 ff. angegebenen Gesichtspunkten zu schätzen. Einen genaueren Wert erhält man, wenn man zunächst die α-Werte schätzt und auf Grund folgender Beziehungen verwertet.

Für planparallele Wände genau, für Rohrwände angenähert gilt bei Vernachlässigung der Wandstärke und des Strahlungsanteils:

$$\alpha_1 (t_I - t_w) = \alpha_2 (t_w - t_{II}) \qquad \ldots \qquad (67),$$

d. h. die in die Wand mit der Temperatur t_w aus dem Raum I mit der Temperatur t_I eintretende Wärmemenge ist der in den Raum II mit t_{II} austretenden gleich.

α_1 und α_2 können meist aus der Erfahrung oder nach Diagrammen mit guter Annäherung geschätzt und eingesetzt werden, und damit ergibt sich für die Wandtemperatur

$$t_w = \frac{\alpha_1 t_I + \alpha_2 t_{II}}{\alpha_1 + \alpha_2} \qquad \ldots \qquad (67\,\text{a}).$$

Ist die eine Wandseite beträchtlicher Strahlung ausgesetzt, so ist t_w höher.

5) Für eine gegebene Heißdampf führende Rohrstrecke mag α nun folgendermaßen berechnet werden:

1) Man bestimme Druck und Geschwindigkeit des Dampfes, Länge und Durchmesser des Rohres.

2) Man ermittle angenähert die Wandtemperatur nach Gl. (67 a).

3) Man rechne nun entweder unmittelbar aus Gl. (66) oder (66 b) den Festwert von α oder man konstruiere oder schätze ihn mit Hülfe von Abb. 38 für den Durchmesser $d_1 = 0{,}0394$ m und reduziere ihn endlich auf den vorliegenden Durchmesser d_2 mit der Gl. (66 b''') und der dazu gehörigen Abb. 46.

<hr>

[1]) Vergl. Nusselt, Der Wärmeübergang im Kreuzstrom. Daselbst auch Beispielsrechnungen. Lit.-Nachw. Nr. 48.

4) Man beurteile aus den gegebenen Verhältnissen die Größe von L in Gl. (65), d. h. den Verlauf der Temperaturfelder von Anfang der Versuchstrecke bis zur Beruhigung. Eine angenäherte Beziehung dieser Länge zum Durchmesser ist durch Gl. (64) gegeben.

5) Mit der Formel (65a) bestimme man nun den wirklichen α-Wert aus dem Festwert für verschiedene Rohrstellen X.

6) Eine Kurve, die beim Anfang des Rohres am besten zeichnerisch extrapoliert wird, gibt nun den Verlauf der Wärmeübergangswerte über der Rohrlänge an, eine planimetrisch oder schätzungsweise aufzufindende mittlere Höhe ist der Rechnungswert des über der ganzen Strecke verschiedenen α.

b) Beziehungen der Versuchzahlen zu den Zahlen der praktischen Ausführungen.

Wenn man die Grenzen elementarer Darstellung und die Möglichkeit einfacherer Anwendung solcher Zahlen, wie sie durch den Versuch festgestellt wurden, nicht verlassen will, so kann hier nicht mehr viel über die Uebertragung auf praktische Fälle gesagt werden. Gröber hat gezeigt[1]), wie verwickelt bald die rechnerischen Beziehungen werden, wenn man versucht, etwa mit Hülfe einer »Modellregel« vom Versuch zu der Anwendung bei beliebigen Konstruktionen die Brücke zu finden. Daß dies zu »weitläufigen mathematischen und physikalischen Erörterungen« führt, sagt er, »liegt im Wesen der Vorgänge selbst begründet, und es ist die Forderung nach größerer Sicherheit und Zuverlässigkeit der Werte α nicht vereinbar mit der Forderung nach Einfachheit des Rechnungsganges.«

c) Ausführungsvorschriften.

Und doch geht die Praxis nach den vielen mühsamen und kostspieligen Versuchen nicht leer aus. Wenn es auch nicht die quantitativen Ergebnisse sein können, die unfehlbar genau sich feststellen lassen, die qualitativen Erfolge sind zahlreich. Es sollen hier einige Angaben gemacht werden, deren Einhaltung zur Erhöhung der Wärmeaustauschzahlen führen wird.

Am meisten kann vielfach dadurch verbessert werden, daß man besonders auf der Seite der kleineren Wärmeübergangzahl die Geschwindigkeit möglichst hoch bringt. Zu diesem Zwecke ordnet man hinter Dampfkesseln um die Ueberhitzerelemente kammerartige Einbauten an und stellt die einzelnen Schlangen so eng zusammen, daß die Rauchgase zu einem schnellen Durchstreichen der Zwischenräume gezwungen sind.

Diese eingebauten Kulissen erfüllen noch den anderen wichtigen Zweck, die Gase möglichst oft neu zu durchmischen. Dann wiederholen sich die Bedingungen eines hohen Wärmeüberganges in ähnlich günstiger Weise, wie sie zu Anfang der Rohrstrecke bei einem gut durchmischten Flüssigkeitstrom gegeben sind. Aus diesem Grunde werden auch die Ueberhitzerschlangen und die Rohre jener Wärmeaustauschvorrichtungen, bei denen das Kreuzstromsystem zur Anwendung kommt, am besten in versetzter Reihenfolge (im Dreieck, Abb. 47) eingebaut. In gewissen Ueberhitzerröhren finden wir ein spiralisch aufgewundenes Kreuz (Wendeflächen) eingewalzt, das die Durchmischung des Dampfstromes selbst wirksam befördert und tropfbar flüssige und überhaupt

---

[1]) Gröber, Beziehung zwischen Theorie und Erfahrung in der Lehre vom Wärmeübergang. Lit.-Nachw. Nr. 21.

kühlere Teile des Dampfstromes in die äußeren heißeren Querschnittringe
schleudert. — In diesem Sinne sind alle Leitungen mit scharfen Richtungs-
änderungen des strömenden Mittels günstig, so Ueberhitzerschlangenlagen,
in denen sich viele kurze Umleitungen vorfinden,
so auch jene Flammrohre und Feuerzüge, in denen
der Querschnitt von Stutzen[1]), Zungen und Kulissen
unterbrochen ist.

Da die Wärmeübergangzahlen zu Anfang der
Leitungen, wie wir gesehen haben, wesentlich höher
sind, als in einem größeren Abstand vom Rohranfang,
so ist es vorteilhaft, hiervon Gebrauch zu machen
und in einer Konstruktion statt weniger langer Elemente viele kurze anzuwenden.

Die Gleichungen lehren ferner, daß enge Rohre
größeren Wärmeübergang ergeben als weite. In dieser Beziehung setzt aber der vergrößerte Widerstand
enger Rohre und vieler Krümmungen ihrer Anwendung eine Grenze.

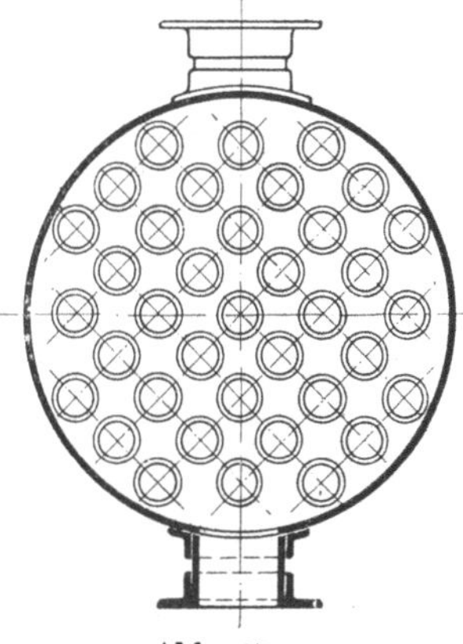

Abb. 47.

Dort wo die Wärmeübertragung beträchtlich ist, spielt die Reinheit
der Oberfläche eine Rolle. Man sorge deshalb bei den betreffenden Konstruktionen für die Möglichkeit leichter Entfernung von Kesselstein, Schlamm,
Ruß, Flugasche, Kondenswasser. Im Kondensator sei der Dampf möglichst luft-
frei, das Wasser möglichst leicht zu entfernen. Daß der Ueberhitzer erst von
der Stelle an als solcher richtig wirkt, wo das mitgerissene Wasser verdampft
ist, versteht sich von selbst. Man versuche also, die mitgerissene Wassermenge
zu verringern.

Eine rauhe Rohrfläche ist im allgemeinen wirksamer als eine glatte. Wenn
es möglich ist, eine Oberfläche durch Rippen[2]) zu vergrößern, so hat das nur
Sinn an derjenigen Wandseite, die einen α-Wert von kleinerer Größenordnung
hat, und wenn dadurch kein Stillstehen des vorbeiströmenden Mittels bei der
Wand bedingt wird. (Die Rippenflächen müssen also in die Stromrichtung
fallen.)

Mit der Beeinflussung von Druck und Temperatur ist man gewöhnlich an
die gegebenen Verhältnisse gebunden. Man bedenke, daß man bei hohem
Druck mit Heißdampf unter Umständen in das Gebiet der nächst höheren
Größenordnung der Wärmeübergangzahl kommt, wodurch nach unseren früheren
Entwicklungen ihr Einfluß gegen den des α-Wertes auf der anderen Wandseite
stark zurücktritt (vergl. das Beispiel von S. 75 ff.).

Die Temperatur kommt für den Strahlungsanteil der zu übertragenden
Wärmemenge dann in Betracht, wenn sie möglichst hoch ist; die durch Berührung übergehende Wärme selbst ist bei hoher Temperatur, wie die Versuche
zeigen, auf 1° C bezogen, kleiner als bei tiefer. — Um die Strahlungswirkung
zu vergrößern, soll die Ummauerung entsprechend ausgestaltet, nach außen hin
gut isoliert und nicht zu weit von den Ueberhitzerelementen entfernt sein. Ferner
soll der Ausgang der Ueberhitzerkammern so angebracht sein, daß dort möglichst wenig Wärmestrahlung entweichen kann.

---

[1]) Galloway-Rohre.
[2]) Gußeiserne Ueberhitzer (Schwoerer), Heizkörper.

C) Zusammenfassung.

Die vorliegende Abhandlung behandelt die Wärmeübertragung von Heizgasen an Dampf.

Nach einer einführenden Zergliederung der Wärmeübertragungsfrage und einer geschichtlichen Betrachtung der Entwicklung unserer darauf bezüglichen Kenntnisse führt sie zu folgendem Ergebnis:

1) Der Vergleich einer Anzahl der in der Literatur enthaltenen mit verschiedenartigen Einrichtungen durchgeführten Versuche mit Sattdampf zeigt, daß dieser je nach dem Grade seiner Luftfreiheit und der Entfernung des Kondensats sehr verschiedene Wärmeübergangzahlen haben kann. Unter günstigen Umständen kann die Größenordnung $30\,000 \left(\dfrac{\mathrm{WE}}{\mathrm{st}\ ^{0}\mathrm{C}\ \mathrm{qm}} \right)$ sein, während unter gewöhnlichen Verhältnissen 9500 bis 10000 ein guter Rechenwert ist.

2) Eine größere Anzahl von Versuchen, deren Einrichtung beschrieben ist, führt für Heißdampf auf die Beziehung:

$$\alpha = 3{,}29\,\frac{p^{1,082}\,w^{0,892}}{d^{0,'64}\cdot 10^{0,0017\,t_w}}\left(\frac{\mathrm{WE}}{\mathrm{st}\ ^{0}\mathrm{C}\ \mathrm{qm}} \right);$$

darin ist

α ein nach einer bestimmten Rohrlänge eintretender »Festwert« der Wärmeübergangzahl in $\dfrac{\mathrm{WE}}{\mathrm{st}\ ^{0}\mathrm{C}\ \mathrm{qm}}$,

p der absolute Dampfdruck in kg/qcm,

w die mittlere Dampfgeschwindigkeit im Rohr in m/sk,

t_w die Wandtemperatur in ^{0}C,

d der Rohrdurchmesser in m.

Die Beziehung eines beliebigen α' zum Festwert ist gegeben durch

$$\alpha' = \left(\frac{L}{X} \right)^{r} \alpha;$$

darin ist

L die Entfernung vom Rohranfang bis zum Eintritt des Festwerts in m,

X die Stelle des Rohres, für die α' gesucht ist, in m,

r ein Festwert, der zu 0,156 gefunden wurde.

Zur raschen Ermittlung der Wärmeübergangzahl wurde ein einfaches zeichnerisches Verfahren angegeben.

Im Verlaufe der Abhandlung wie zu ihrem Ende werden Hinweise gegeben, wo und wie die Wärmeübertragung in der Praxis mit Erfolg beeinflußt werden kann.

Anhang.

Die Wärmeübergangzahl von Heißdampf zu Rohrwand[1].

p	w m/sk	$t_w =$ 100°	150°	200°	250°	300°	350°	400°	450°
1 at	2,5	8,6	7,1	5,8	4,8	3,7	3,2	2,8	2,2
	5,0	15,9	13,2	10,8	8,6	7,2	5,8	4,9	4,1
	7,5	22,9	18,6	15,5	12,6	10,5	8,6	7,1	5,8
	10,0	29,5	24,3	20,0	16,0	13,2	10,7	9,2	7,4
	12,5	36,0	29,5	24,3	19,6	16,4	13,5	11,0	9,1
	15,0	42,3	35,0	28,6	23,4	19,3	15,9	13,0	10,8
	17,5	48,6	40,2	32,8	37,0	22,2	18,1	15,0	12,5
	20,0	54,8	45,3	37,1	30,3	25,1	20,5	16,7	14,0
3 at	2,5	28	23	19	16	13	11	8	7
	5,0	52	43	35	29	24	20	16	14
	7,5	75	62	51	41	33	27	23	21
	10,0	97	80	66	54	44	36	30	27
	12,5	118	97	80	66	53	44	36	32
	15,0	139	114	94	78	63	51	42	36
	17,5	160	131	108	89	72	60	49	41
	20,0	180	148	122	100	81	67	54	46
5 at	2,5		40	32	26	20	17	15	12
	5,0		75	62	51	41	34	28	24
	7,5		108	90	76	62	51	42	36
	10,0		138	114	94	76	63	53	44
	12,5		170	141	118	95	78	63	53
	15,0		199	167	136	111	90	73	60
	17,5		228	187	153	126	104	86	70
	20,0		257	214	177	143	118	97	79
7 at	2,5			48	39	32	25	20	16
	5,0			91	74	60	49	40	33
	7,5			131	108	89	72	57	48
	10,0			169	140	114	91	73	59
	12,5			210	170	139	112	90	73
	15,0			234	192	159	132	107	86
	17,5			267	219	182	149	123	101
	20,0			304	250	206	168	139	114
9 at	2,5			63	53	42	34	28	23
	5,0			118	96	77	64	54	44
	7,5			172	143	116	94	76	61
	10,0			226	187	152	124	99	80
	12,5			267	219	182	149	123	101
	15,0			315	256	211	170	140	118
	17,5			361	294	244	203	165	133
	20,0			408	335	276	227	187	153
11 at	2,5			78	65	53	43	34	28
	5,0			150	121	98	79	64	53
	7,5			214	176	146	117	94	76
	10,0			270	223	186	149	122	101
	12,5			326	274	224	182	148	122
	15,0			382	317	260	213	173	144
	17,5			440	360	297	244	200	165
	20,0			497	409	334	276	225	187
13 at	2,5			109	89	72	59	49	41
	5,0			173	142	117	97	78	63
	7,5			249	205	169	138	113	94
	10,0			321	264	216	179	147	122
	12,5			386	321	265	220	178	147
	15,0			460	381	311	258	210	173
	17,5			528	436	360	297	242	198
	20,0			597	491	404	332	273	224

[1] Die Werte für Geschwindigkeiten über 15 m/sk, Drucke über 9 at und Temperaturen über 350° sind extrapoliert.

p	w	$t_w =$							
	m/sk	100^0	150^0	200^0	250^0	300^0	350^0	400^0	450^0
15 at	2,5			108	88	73	60	50	41
	5,0			201	165	136	112	92	75
	7,5			290	238	196	161	132	111
	10,0			373	307	253	208	169	138
	12,5			455	376	308	253	208	172
	15,0			535	442	362	294	244	202
	17.5			614	505	416	342	280	231
	20,0			695	567	470	384	317	261

Literaturnachweis.

1. A d a m , Zur Bestimmung der Korrektion des herausragenden Fadens von Quecksilberthermometern mit Hülfe des Fadenthermometers. Zeitschr. für Instrumentenkunde 1907, April, S. 101.

2. W. A n d e r s o n , On the aba-el-Wakf Sugar Faktory Upper-Egypte. Proc. Inst. Civ. Eng. Bd. 35 1873.

3. L. A u s t i n , Ueber den Wärmedurchgang durch Heizflächen. Mitteilungen über Forschungsarbeiten 1903 Heft 7.

4. B e n d e m a n n , Ueber den Ausfluß des Wasserdampfes und über Dampfmengenmessung. Mitteil. üb. Forschungsarb. 1909 Heft 37.

5. Dipl.-Ing. M. B e r l o w i t z , Der Wärmedurchgang in Maischbottichen. Dissertation, Berlin 1910.

6. Dr.-Ing. O. B e r n e r , Die Erzeugung des überhitzten Wasserdampfes. Mitteil. üb. Forschungsarbeiten 1904 Heft 14 bis 16.

7. Dr.-Ing. O. B e r n e r , Wärmedurchgangsversuche mit dem Dampfüberhitzer von Heizmann. Z. d. V. d. I. 1905 S. 461, 564.

8. Dipl.-Ing. L. B i n d e r , Ueber äußere Wärmeleitung und Erwärmung elektrischer Maschinen. Dissertation, München 1911.

9. B i n d e r - N u s s e l t , Meinungsaustausch, Ueber Wärmeübergang an ruhige und bewegte Luft. Z. d. V. d. I. 1913 S. 197.

10. O. B i n d e r , Wärmestudien. Zeitschr. für Dampfkessel- und Maschinenbetrieb 1913 S. 137.

11. R. B l u m , Die flammenlose Verbrennung und ihre Bedeutung für die Industrie. Z. d. V. d. I. 1913 S. 281.

12. M. J. B o u s s i n e s q , Calcul du Pouvoir refroidissant des Courants fluides. Journ. de Mathématique pures et appliquées 1905 S. 285.

13. M. C a r c a n a g u e s , Recherches expérimentales sur l'Échauffement de l'Air parcourant un Tuyau maintenu expérieurement à une Température déterminée. Annales des Mines 1896 9me série.

14. O. D. C h w o l s o n , Lehrbuch der Physik. Braunschweig 1905.

15. W. E. D a l b y , Heat Transmission. The Institution of Mechanical Engineers, Engineering 1909 S. 536 und 560.

16. D u l o n g et P e t i t , Des Recherches sur la Mesure des Températures et sur les Lois de la Communication de la Chaleur. Annales de Chimie et de Physiques 1817 Bd. 7.

17. E n g l i s h und D o n k i n , Transmission of Heat from Surface Condensation through Metal Cylinders. Proc. of the Inst. of Mech. Eng. 1896 S. 501.

18. M. F o u r i e r , Analytische Theorie der Wärme. Berlin 1884. (Deutsche Ausgabe von Dr. B. Weinstein.)

19. F u c h s , Der Wärmeübergang und seine Verschiedenheit innerhalb einer Dampfkesselheizfläche. Mitteil. üb Forschungsarb. 1905 Heft 22.

20. Dr.-Ing. H. G r ö b e r , Der Wärmeübergang von strömender Luft an Rohrwandungen. Mitteil. üb. Forschungsarb. 1912 Heft 130. Im Auszug Z. d. V. d. I. 1912 S. 421.

21. Dr.-Ing. H. G r ö b e r , Beziehungen zwischen Theorie und Erfahrung in der Lehre vom Wärmeübergange. Gesundheitsingenieur 1912 S. 929.

22. A. Hagemann, Wärmeübergang von Dampf an Wasser. (Aus dem Dänischen.) Proc. of the Inst. of Civ. Eng. 1884.

23. M. A. Henry, Etude expérimentale de la Vaporisation dans les Chaudières de Locomotives. Ann. des Mines 1894.

24. L. Holborn und W. Dittenberger, Ueber den Wärmedurchgang durch Heizflächen. Mitt. üb. Forschungsarb. 1901 Heft 2; ferner Z. d. V. d. I. 1900 S. 1724.

25. G. Hübel, Wärme- und Spannungsverluste in Dampfleitungen. Z. f. Dampfk.- u. Masch.-Betr. 1912 S. 405.

26. E. Josse, Versuche über Oberflächenkondensation, insbesondere für Dampfturbinen. Z. d. V. d. I. 1909.

27. Dr. L. P. Joule, On the Surface Condensation of Steam. Phil. Trans. of the Royal Society of London 1861.

28. Oberingenieur Kammerer, Einfluß der Wasserführung auf die Wärmeaufnahme im Ekonomiser. Z. f. Dampfk.- u. Masch.-Betr. 1913 S. 126 und 150.

29. Kirchhoff, Vorlesungen über die Theorie der Wärme. Leipzig 1894.

30. O. Knoblauch, R. Linde und H. Klebe, Die thermischen Eigenschaften des gesättigten und überhitzten Wasserdampfes zwischen 100^0 und 180^0 C. Z. d. V. d. I. 1905 S. 1697.

31. O. Knoblauch und R. Mollier, Die spezifische Wärme c_p des überhitzten Wasserdampfes für Drücke von 2 bis 8 kg qcm und Temperaturen von 350^0 bis 550^0 C. Mitteil. üb. Forschungsarb. Heft 108 und 109; ferner Sitz.-Ber. d. math.-phys. Kl. d. Kgl. Bayer. Akad. d. Wiss. 1910; ferner Z. d. V. d. I. 1911 S. 665.

32. O. Knoblauch und M. Jakob, Erwiderung auf A. Duchesne, Recherches sur les Propriétés de la Vapeur d'Eau, Paris 1911. Z. d. V. d. I. 1912 S. 1128.

33. O. Köchy, Ueber das Verdampfungsgesetz und das Gesetz der Wärmeübertragung des Lokomotivkessels. Z. d. V. d. I. 1912 S. 520.

34. Kohlrausch, Lehrbuch der praktischen Physik. Berlin 1910.

35. O. Krell jr., Ueber Messung von statischem und dynamischem Druck bewegter Luft. München-Berlin 1904.

36. C. Lányi, Berechnung der Dampfkessel, Feuerungen, Ueberhitzer und Vorwärmer. Essen 1910.

37. F. Leprince-Ringuet, Etude sur la Transmission de la chaleur entre un Fluide en Mouvement et une Surface métallique. Revue de Mécanique 1911 S. 5 und 505, Paris.

38. Lomonsoff und Tschetsch, Zur Erforschung der Lokomotivüberhitzer. Z. d. V. d. I. 1912 S. 184.

39. L. Lorenz, Wiedemanns Annalen 1881, 13, 582.

40. Mitteilungen der Prüfungsanstalt für Heizungs- und Lüftungsanlagen (Vorsteher Dr.-Ing. Rietschel), Untersuchungen über Wärmeabgabe, Druckhöhenverlust und Oberflächentemperatur bei Heizkörpern unter Anwendung großer Luftgeschwindigkeiten. Heft 3.

41. Mitteilungen der Prüfungsanstalt für Heizungs- und Lüftungsanlagen (Vorsteher Dr. techn. K. Brabbée), Reibungswiderstände in Warmwasserheizungen. Heft 5. München und Berlin 1913.

42. Dr. R. Mollier, Ueber den Wärmedurchgang und die darauf bezüglichen Versuchsergebnisse. Z. d. V. d. I. 1897 S. 153 und 197.

43. Dr. R. Mollier, Neue Tabellen und Diagramme für Wasserdampf. Berlin 1906.

44. Newton, Scala graduum caloris et frigoris. Opusc. math. Lausannae et Genevae 1744.

45. Nichol, Versuche. Bei J. G. Hudson, Heating and concentrating Liquids by Steam. Engineer 1890 Bd. 69 S. $291^1/_2$.

46. Dr.-Ing. W. Nusselt, Der Wärmeübergang in Rohrleitungen. Habilitation Dresden. Berlin 1909; ferner Mitteil. üb Forschungsarb. Heft 39.

47. Dr.-Ing. W. Nusselt, Die Abhängigkeit der Wärmeübergangszahl von der Rohrlänge. Z. d. V. d. I. 1910 S. 1154.

48. Dr.-Ing. W. Nusselt, Der Wärmeübergang im Kreuzstrom. Z. d. V. d. I. 1911 S. 2021.

49. Dr.-Ing. W. Nusselt, Buchbesprechung: L. Binder, Ueber Wärmeübergang auf ruhige und bewegte Luft, sowie Lüftung und Kühlung elektrischer Maschinen. Z. d. V. d. I. 1912 S. 1712.

50. The Pennsylvania Railroad System at St. Louis Exposition, Locomotive Tests and Exhibits. Philadelphia 1905. Bericht: M. Lawford, R. Fry. Engineering 1908—1909.

51. E. Reutlinger, Ueber den Einfluß des Kesselsteines und ähnlicher wärmehemmender Ablagerungen auf Wirtschaftlichkeit und Betriebssicherheit von Heizvorrichtungen. Dissertation, München 1909; ferner Mitteil. üb. Forschungsarb. Heft 94.

52. E. Reutlinger, Unsere Kenntnis vom Werte der Heizflächen bei der Dampferzeugung und ihre Anwendung auf die Praxis. Z. d. V. d. I. 1911 S. 1297.

53. O. Reynolds, On the Motion of Water and the Law of Resistance in parallel Cannels. Papers on Mechanical and Physical Subjects, Vol. I (1869 bis 1882); ferner Phil. Trans. of the Royal Society 1884, 174.

54. O. Reynolds, On the Extent and Action of the Heating Surface of Steam Boilers. Pap. on Mech. and Phys. Subj., Vol. II (1881 bis 1900); ferner Proc. of the lit. and phil. Soc. of Manch. 1874, 14.

55. L. Ser, Production et Utilisation de la Chaleur. Traité de la Physique industrielle I. Paris 1888.

56. A. Soennecken, Der Wärmeübergang von Rohrwänden an strömendes Wasser. Dissertation, München 1910; Mitteil. üb. Forschungsarb. Heft 108 u. 109.

57. T. E. Stanton, On the Passage of Heat between Metal Surfaces and Liquids in Contact with them. Phil. Trans. of the Roy. Soc. of London 1897 S. 67.

58. Stockes, On the Theorie of the internal Friction of Fluids in Motion. Math. and phys. Pap. Bd. I S. 75.

59. Strahl, Der Wert der Heizfläche für die Verdampfung und Ueberhitzung im Lokomotivkessel. Z. d. V. d. I. 1905 S. 717 und 771.

60. Strahl, Rauchgasanalysen und Verdampfungsversuche an Lokomotiven. Glasers Annalen für Gewerbe und Bauwesen 1904 S. 81.

61. F. Wamsler, Die Wärmeabgabe geheizter Körper an Luft. Dissertation, München 1909; ferner Mitteil. üb. Forschungsarb. Heft 98 und 99.

62. G. Zeuner, Technische Thermodynamik I. Leipzig 1900.

Sonderabdrucke
aus der Zeitschrift des Vereines deutscher Ingenieure,
die in folgende Fachgebiete eingeordnet sind:

1. Bagger.
2. Bergbau (einschl. Förderung und Wasserhaltung).
3. Brücken- und Eisenbau (einschl. Behälter).
4. Dampfkessel (einschl. Feuerungen, Schornsteine, Vorwärmer, Überhitzer).
5. Dampfmaschinen (einschl. Abwärmekraftmaschinen, Lokomobilen).
6. Dampfturbinen.
7. Eisenbahnbetriebsmittel.
8. Eisenbahnen (einschl. Elektrische Bahnen).
9. Eisenhüttenwesen (einschl. Gießerei).
10. Elektrische Krafterzeugung und -verteilung.
11. Elektrotechnik (Theorie, Motoren usw.).
12. Fabrikanlagen und Werkstatteinrichtungen.
13. Faserstoffindustrie.
14. Gebläse (einschl. Kompressoren, Ventilatoren).
15. Gesundheitsingenieurwesen (Heizung, Lüftung, Beleuchtung, Wasserversorgung und Abwässerung).
16. Hebezeuge (einschl. Aufzüge).
17. Kondensations- und Kühlanlagen.
18. Kraftwagen und Kraftboote.
19. Lager- und Ladevorrichtungen (einschl. Bagger).
20. Luftschiffahrt.
21. Maschinenteile.
22. Materialkunde.
23. Mechanik.
24. Metall- und Holzbearbeitung (Werkzeugmaschinen).
25. Pumpen (einschl. Feuerspritzen und Strahlapparate).
26. Schiffs- und Seewesen.
27. Verbrennungskraftmaschinen (einschl. Generatoren).
28. Wasserkraftmaschinen.
29. Wasserbau (einschl. Eisbrecher).
30. Meßgeräte.

Einzelbestellungen auf diese Sonderabdrucke werden nur gegen Voreinsendung des in der Zeitschrift als Fußnote zur Überschrift des Aufsatzes bekannt gegebenen Betrages ausgeführt.

Vorausbestellungen auf sämtliche Sonderabdrucke der vom Besteller ausgewählten Fachgebiete können in der Weise geschehen, daß ein Betrag von etwa 5 bis 10 M eingesandt wird, bis zu dessen Erschöpfung die in Frage kommenden Aufsätze regelmäßig geliefert werden.

Zeitschriftenschau.

Vierteljahrsausgabe der in der Zeitschrift des Vereines deutscher Ingenieure erschienenen Veröffentlichungen 1898 bis 1910.
Preis bei portofreier Lieferung für den Jahrgang
3,— ℳ für Mitglieder.　　　　10,— ℳ für Nichtmitglieder.

Seit Anfang 1911 werden von der Zeitschriftenschau der einzelnen Hefte einseitig bedruckte gummierte Abzüge angefertigt.
Der Jahrgang kostet
2,— ℳ für Mitglieder.　　　　4,— ℳ für Nichtmitglieder.
Portozuschlag für Lieferung nach dem Ausland 50 Pfg für den Jahrgang. Bestellungen, die nur gegen vorherige Einsendung des Betrages ausgeführt werden, sind an die **Redaktion der Zeitschrift des Vereines deutscher Ingenieure, Berlin NW., Sommerstraße 4a** zu richten.

Mitgliederverzeichnis d. Vereines deutscher Ingenieure.

Preis 3,50 ℳ. Das Verzeichnis enthält die Adressen sämtlicher Mitglieder sowie ausführliche Angaben über die Arbeiten des Vereines.

Bezugsquellen.

Zusammengestellt aus dem Anzeigenteil der Zeitschrift des Vereines deutscher Ingenieure. Das Verzeichnis erscheint zweimal jährlich in einer Auflage von 35 bis 40000 Stück. Es enthält in deutsch, englisch, französisch, italienisch, spanisch und russisch ein alphabetisches und ein nach Fachgruppen geordnetes Adressenverzeichnis.
Das Bezugsquellenverzeichnis wird auf Wunsch kostenlos abgegeben.